国家重点图书出版规划项目

中国载人航天科普丛书

总主编 王永志 王文宝 袁家军

戈壁天港

——走进载人航天发射场

主 编 周凤广 徐克俊

副主编 万 全 单锦辉

中国宇航出版社

·北京·

内容提要

本书主要介绍中国载人航天发射场的发展历史、场址选择、硬件设施、软件系统、测试技术、发射流程等内容，并简要介绍了国外著名航天发射场的概况和航天发射场的发展展望。

书中既有对发射技术的科学解读，又有对发射盛况的场景描绘，还有对相关知识的无缝链接，力求做到深入浅出、通俗易懂、图文并茂、语言生动，适合相关专业科技人员、管理人员和具有高中以上文化程度的航天爱好者阅读。

图书在版编目（CIP）数据

戈壁天港：走进载人航天发射场／周凤广，徐克俊主编. --北京：中国宇航出版社，2011.1

（中国载人航天科普丛书 ／王永志，王文宝，袁家军主编）

ISBN 978-7-80218-441-1

I. ①戈… II. ①周… ②徐… III. ①航天器发射场—中国—普及读物 IV. ① V55-49

中国版本图书馆 CIP 数据核字（2010）第 263283 号

责任编辑 张铁钧 任长卿 **责任校对** 王 妍 **设计制作** 03 工舍

出版发行	中国宇航出版社		
社址	北京市阜成路 8 号 (010)68768548	邮编	100830
网址	www.caphbook.com/www.caphbook.com.cn		
经销	新华书店		
发行部	(010)68371900 (010)68768541		(010)88530478(传真) (010)68767294(传真)
零售店	读者服务部 (010)68371105		北京宇航文苑 (010)62529336
承印	北京画中画印刷有限公司		
版次	2011 年 6 月第 1 版		2011 年 6 月第 1 次印刷
规格	787 × 960	开本	1/16
印张	12	字数	190 千字
书号	ISBN 978-7-80218-441-1		
定价	38.00 元		

本书如有印装质量问题，可与发行部联系调换

《戈壁天港》编委会

总　序

上世纪九十年代初，党中央审时度势、高瞻远瞩，果断作出了实施中国载人航天工程（代号921工程）的重大决策。这一战略工程的建设与发展，至今已走过了十八年的光辉历程，中华民族实现了千年的飞天梦想，在世界航天发展的史册上，铭刻下了中国人民勤劳智慧、自强不息、勇攀科技高峰的辉煌印记，在人类和平利用太空的伟大征程中树立了不朽丰碑。当今世界，伴随高新技术发展的突飞猛进，航天技术发展方兴未艾，我国航天事业正迈上新的历史征程。当此之际，中国载人航天工程办公室组织编著出版这套《丛书》，对历史、现实和未来都是一件颇有意义的事情。

这套《丛书》全面介绍了工程的发展历程、各系统工作原理及相关航天知识。我作为工程的亲历者、见证者和组织者，更深切地体会到：工程意义重大而充满挑战，成就举世瞩目而来之不易。工程实施以来，在党中央、国务院、中央军委的坚强领导和亲切关怀下，在全国各相关方面的大力支持下，广大航天工作者大力协同、锐意进取，成功突破了一大批拥有自主知识产权的载人航天核心关键技术，先后实现了从无人飞行到载人飞行、从一人一天到多人多天、从舱内实验到出舱活动等重大跨越，使我国成为世界上第三个能够独立开展载人航天活动的国家，在载人航天高技术领域占有了重要一席。胡锦涛总书记明确指出，载人航天工程取得的成就，是我国综合国力不断增强、科技水平不断提高的重要体现，对于增强全民族的自信心和自豪感，凝聚全民族的智慧和力量，鼓舞全党全军全国各族人民全面建设小康社会、实现中华民族伟大复兴具有重大而深远的影响。

通览《丛书》，可以更深刻地感到，作为我国航天发展史上规模最大、系统构成最复杂、可靠性安全性要求最高的国家级高科技工程，载人航天工程取得的伟大成就令人自豪，催人奋进。同时，从中可以得出许多重要启示：当今时代，世界综合国力的竞争，集中体现为科技特别是高科技的竞争，关键在于人才的竞争，科技、人才已成为民族振兴的基石和综合国力的核心；社会的进步、国家的发展、民族的强大必须充分发挥科学技术第一生产力的作用，坚持人才为本，瞄准世界高科技发展前沿，着力突破核心关键技术，抢占战略制高点，不断提高自主创新能力，唯有如此，才能把国家安全和发展的命脉牢牢掌握在自己手里；科技落后是最可怕的落后，我国目前仍面临发达国家在高科技领域占优势的巨大压力，必须增强机遇意识、忧患意识和使命意识，敏锐把握世界新科技革命的大势，以战略需求为导向，努力实现科技新跨越、新发展。

《丛书》作为航天高科技普及读物，与一般科普读物相比，有许多突出特点：一是鲜明的系统性和集成性。《丛书》以中国载人航天工程为主线，分别介绍工程总体以及航天员、空间应用、载人飞船、运载火箭、发射场、测控通信、着陆场等各系统，结构清晰、重点突出，各个分卷相互衔接、形成整体。二是广泛的知识性和普及性。《丛书》突出读者感兴趣的知识点，满足社会公众对载人航天科技知识的渴求，语言流畅、深入浅出，图文并茂、通俗易懂。三是高度的科学性和权威性。《丛书》编写人员既有工程总设计师、工程总体的专家，也有工程相关系统的总指挥、总设计师；既有长期工作在航天领域的老专家、老领导，也有奋战在科研一线的技术骨干和管理人员，他们大多亲历和参与了工程的研制建设，是各自领域的权威人士，编写内容概念正确、数据科学准确。

相信这套《丛书》的出版发行，对于宣传我国载人航天工程的伟大成就，大力弘扬载人航天精神，增强民族自信心和创新精神，必将起到重要的促进作用。同时，通过普及航天知识，必将吸引和鼓励更多的青少年热爱科学，积极投身航天事业，使我国高科技发展后继有人、持续跨越，为实现中华民族伟大复兴的宏伟目标，为开创中国特色社会主义事业新局面，作出新的更大贡献。

中央军委委员、总装备部部长
中国载人航天工程总指挥

常萬全

2010年4月16日

前　言

地处戈壁深处的酒泉卫星发射中心，是目前我国唯一的载人航天发射场。2003 年 10 月 15 日，航天英雄杨利伟乘坐神舟 5 号飞船从这里飞向太空；2005 年 10 月 12 日，英雄航天员费俊龙、聂海胜乘坐神舟 6 号飞船再次问鼎苍穹；2008 年 9 月 25 日，神舟 7 号飞船又将航天英雄翟志刚，英雄航天员刘伯明、景海鹏送入浩瀚太空，翟志刚成功进行了出舱活动。酒泉卫星发射中心凭借其先进的载人航天发射技术，将神舟号飞船的每一次发射永远记录在人类载人航天的史册上。

为使广大读者更好地了解载人航天发射场的相关知识，在中国载人航天工程办公室的领导下，总装备部工程设计研究所和酒泉卫星发射中心共同组织相关专家，编写了《戈壁天港——走进载人航天发射场》一书。

本书力求用通俗易懂的语言、图文并茂的形式，引领读者“走进”载人航天发射场，向读者介绍发射场的发展历史、选址依据、布局特点、设施设备和技术支持体系，诠释具有中国特色的载人航天测试发射技术，展示飞船发射准备和发射盛况，并对国外著名航天发射场进行概括介绍，对航天发射场的发展前景进行预测。

书中穿插大量实景图片和布局图、结构图、原理图，使发射场的高新技术内容更加生动、具体、易于理解。同时，采用知识链接的形式，介绍一些与书中内容相关的概念、知识和重大历史事件，帮助读者揭开酒泉卫星发射中心的神秘面纱，了解我国载人航天发射所取得的辉煌成就，以激发读者对载人航天事业的热爱。

本书由周凤广、徐克俊担任主编，30 多位专家参与了书稿撰写工作。具体写作分工如下：第一章由徐克俊、张桂洪、张立新撰写，第二章由孙冲、王贵滨、刘鹰、刘阳、单锦辉撰写，第三章由周凤广、廖利、蒋秉政、赵国强、胡振鑫撰写，第四章由江红斌、杜向光、刘占卿、魏继友、诸方舟撰写，第五章由王洪西、魏继友、万全、杜向光、单锦辉撰写，第六章由李文溯、张少杰、李洁、牛胜芬、左超、王东锋撰写，第七章由张晓萍、张永华、张统、马文、张桂洪撰写，第八章由徐克俊、张桂洪、王东锋撰写，第九章由张立新、崔展鹏、赵玉立、王田撰写，第十章由张桂洪、周凤广、高伟杰撰写，第十一章由徐克俊、张立新、赵晨撰写，第十二章由单锦辉、张桂洪撰写。

此外，陈洪琪、丁锡、马世锋、孙俊德、唐小松、张贤文、张泽明等同志参与了原稿的撰写工作，由于篇幅所限，未能全部采用。刘彦宾、王艳梅、唐小松、傅常海同志参加了前期编写大纲的讨论，郑永煌、黄增光、王琦、许海晗、牛俊江、李玉建、孟保俊、王辉俊、刘牧等同志提供了部分图片，国防科技信息中心李创业研究员、刘杰副馆长提供了部分资料，中国空间技术研究院李颐黎研究员、褚桂柏研究员，总装备部工程设计研究所张贤文研究员，中国载人航天工程办公室科技计划局冯中堂副局长、总体室周雁飞副主任审阅了全部书稿，并提出了宝贵的修改意见。对他们付出的辛勤劳动，在此一并表示衷心的感谢。

书中如有错误和不妥之处，敬请读者批评指正。

主　编

目 录

第八章 拱卫航天的保护神
——发射场技术勤务系统

第九章 走进神秘的问天阁
——航天员在发射场的生活和训练

第十章 圆梦的日子
——发射程序全记录

第十一章 他山之石
——国外著名航天发射场集萃

第十二章 畅想未来
——航天发射场发展展望

第一章

人类飞天的起航点

—— 载人航天发射场选址与要求

载人航天发射与一般航天发射的最大区别是载人，即航天员要进入发射场，乘坐航天器遨游太空。

载人航天发射场，要确保航天员生活、训练、试验、发射的安全、可靠，在出现发射故障时，能最大限度地保证航天员的安全。

1. 航天发射与航天发射场

（1） 航天运载工具

航天运载工具是将人造卫星、深空探测器、载人飞船、空间站等航天器送入太空的运输工具，又称运载器。航天运载工具大多用液体或固体火箭发动机提供动力。

航天运载工具的发展，可追溯至第二次世界大战期间德国研制的V－2导弹。V－2导弹飞行高度达到了85千米，飞行距离达到了190千米。二战结束后，美国、苏联以V－2导弹为基础，迅速研制成中程导弹和洲际导弹，并在此基础上改制成运载火箭。1957年10月4日，苏联使用由导弹改装的运载火箭，将人类第一颗人造地球卫星发射上天。

航天运载工具以一次性使用的运载火箭为主，也出现了以航天飞机为代表的可重复使用的兼有运载器和航天器功能的飞行器。按使用的推进剂分类，有固体运载火箭、液体运载火箭及固液混合运载火箭。为了满足人类大规模开发近地空间资源、载人登月、载人登陆火星的需求，运载火箭正在向大推力、高可靠性、多种推进动力的方向发展。

图1－1 为各种类型的航天运载工具。从左至右依次为联盟号捆绑式液体运载火箭、固体极轨卫星运载火箭、阿里安固液混合运载火箭、集运载器与航天器于一体的航天飞机、长征2F捆绑式液体运载火箭。

图1－1 各种类型的航天运载工具

（2） 航天器家族

航天器是在地球大气层以外的宇宙空间执行探索、开发或利用太空等任务的飞行器。主要包括人造卫星、深空探测器、载人飞船、航天飞机和空间站等。

在近地空间应用中，人造卫星是航天器的主力。现代人造卫星种类繁多，可以完成科学实验、技术试验、通信广播、导航定位、对地观测等各种任务。图1－2为我国自主研制的东方红系列通信卫星。

开展深空探测、了解宇宙、探索未知，是人类认识宇宙的必由之路。人类从初步掌握航天技术开始，就不断进行各种深空探测活动，目前已对月球、火星、金星、水星、木星、土星、天王星等星体进行了多次探测或登陆，其中尤以月球探测活动最为活跃，仅在20世纪就发射了70多颗月球探测器，并成功实施了6次载人登月。

苏联的东方号载人飞船是人类第一个进入太空的载人航天器。目前人类已经拥有载人飞船（图1－3）、航天飞机、空间站三类载人航天器。载人航天在航天活动中占有重要地位。尽管无人航天器携带的装置测量精确，灵敏度高，能自动测量、采集、存储、传输数据，但它们不能代替人在观察、判断、应急处置、样品更换、设备维修方面所表现出来的敏锐的观察能力、灵巧的操作能力和复杂的思维能力。载人航天也是人类走出“地球村”，寻找地外文明的必由之路。

图1－2 我国自主研制的东方红1号、2号、3号卫星

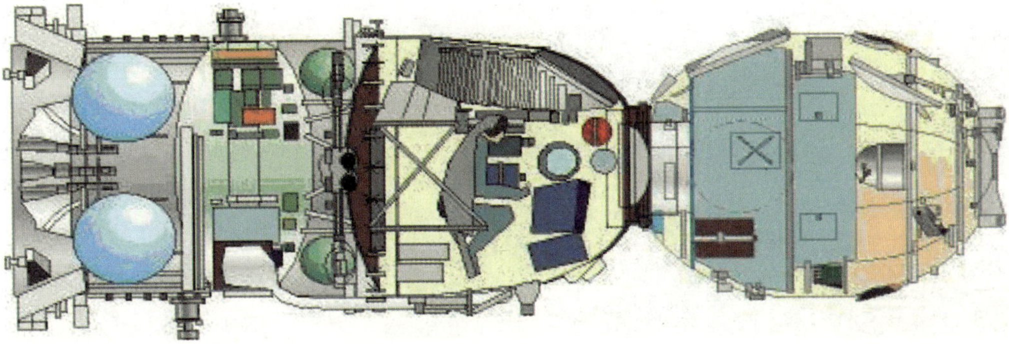

图1－3 俄罗斯的联盟号载人飞船

(3) 航天发射需要航天发射场

航天发射是指利用航天运载工具将人造卫星、深空探测器和载人航天器等各类航天器送入太空的活动，是世界各国综合实力的象征和科学技术发展水平的标志，也是开发太空资源的基础。

航天发射离不开航天发射场。航天发射场是由为航天器和运载器进行装配、测试、转运、加注等发射前准备及实施发射控制而专门建造的一系列功能相关的地面设施、设备所组成的综合体，是太空旅途的起点。航天发射场的功能、组成和要求与航天发射任务密切相关。航天发射场通常由技术区、发射区、试验协作区、指挥控制中心、测控通信站和勤务保障系统等组成，而载人航天发射场则要增加航天员区。图1－4为载人航天发射场组成示意图。

由于航天器、运载火箭科技含量高、研制费用多，发射成败影响重大，要求发射场具有很强的发射能力、良好的安全性和可靠性，并满足发射准备时间短、发射准时、运行效率高以及使用维护方便等要求。

随着航天器与运载器技术不断发展，发射要求不断提高，航天发射场更加专业化、现代化。目前，世界上已建成20多座规模较大的航天发射场。比较知名的航天发射场有俄罗斯的拜科努尔航天发射场、美国的肯尼迪航天中心、法国及欧空局的圭亚那航天中心、日本的种子岛航天中心、印度的萨迪什·达万航天中心和中国的酒泉卫星发射中心等。

图1－4 载人航天发射场组成示意图

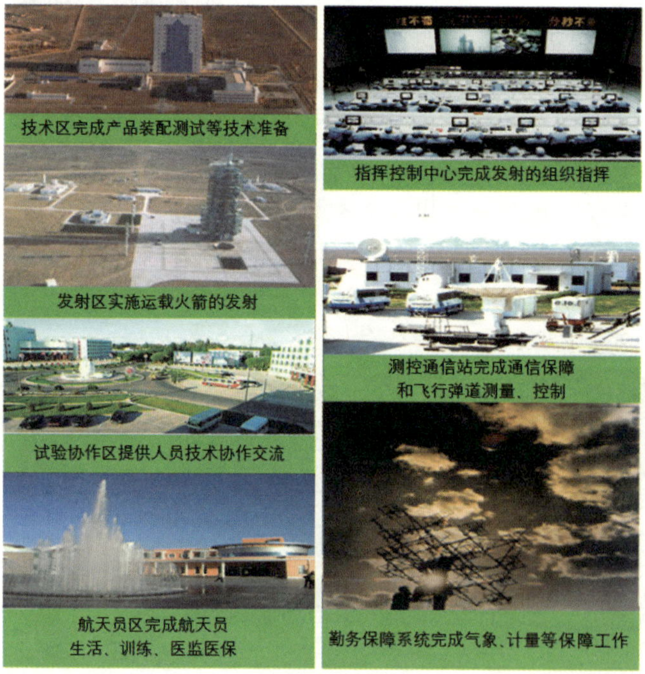

（4） 航天发射场的使命

航天发射场的使命就是成功完成航天器发射，准确获取各种试验数据。简而言之，就是“打上去、测下来、控制好，并提供准确的数据处理和结果分析报告”。

1）打上去：发射场要完成运载火箭、航天器发射前的各项装配、测试及加注等技术准备工作，提供供配电、供配气、空调、吊装、运输、计量、通信、气象等各种技术勤务保障，实施测试发射过程的组织指挥，进行运载火箭推进剂加注，最终点火发射。图 1－5 为对运载火箭精心测试的场景。

2）测下来：在火箭飞行的上升段，为了掌握运载火箭与航天器在飞行过程中的工作情况，必须对它们的各种飞行参数进行测量，因此，发射场测控站要接收运载火箭与航天器下传的数据，对运载火箭发射轨道参数进行测量。图 1－6 为发射场测控站配备的测控设备。

3）控制好：航天器的发射是一个多系统集成的联合工作过程，要确保发射的成功，就需要对运载火箭、航天器在发射场的测试发射进行严密的组织、指挥，严格质量控制和决策，对航天员救生、运载火箭飞行安全实施准确可靠的控制。

4）提供准确的数据处理和结果分析报告：航天发射场将获取航天器与运载火箭飞行过程中的光学、遥测、雷达测量数据，正确接收和处理这些数据是事后分析的基础。同时，发射场要在最短时间内对关键数据进行分析，查找航天器、运载火箭在

图 1－5 对运载火箭精心测试（左）

图 1－6 发射场测控站配备的测控设备（右）

飞行过程中存在的问题，得出飞行正常与不正常的初步结论，为下一步工作安排提供依据。

2. 航天发射场如何选址

（1）地理位置

发射场的地理位置指发射场所处的经度和纬度，其中纬度是发射场选址的重要考虑因素。那么，纬度与发射场的选址有什么关系呢？

首先，发射场的纬度与航天器的运行轨道有着密切的关系。由于运载火箭发射轨道一般是在包括发射点和发射方向矢量在内的、过地心的发射平面里，所以，航天器在空间飞行的初始轨道平面和发射平面相差不大。理论上，航天器初始轨道倾角大于发射点的纬度。因此，如果在纬度较高地区发射地球静止轨道卫星，则航天器的初始轨道倾角较大，需要消耗大量推进剂，才能将轨道平面调整到与地球赤道平面重合。

其次，低纬度发射场还可以使火箭得到更大的地球自转赋予的向东的初速度，提高火箭的运载能力，这对发射地球同步轨道卫星更为重要。

由于地球自西向东自转，每小时转15°，因此，在地球表面上的物体，存在着由地球自转引起的运动，在地球赤道上的物体，其运动速度约为465米／秒。这个速度看起来与第一宇宙速度7.91千米／秒相差甚远，但对火箭的运载能力却有较大影响。

这就是为什么发射地球同步轨道航天器的发射场总是尽量选在低纬度地区的道理。当然，发射大倾角航天器的发射场，仍然选择在高纬度地区较为适宜。目前，国际上公认的最理想的发射场是法国设在南美洲库鲁地区的圭亚那航天中心（图1－7），该发射场对发射地球静止轨道航天器非常有利。由于纬度低，从发射点到入轨点的航程大为缩短，火箭上面级不必二次起动；相同发射方位角的轨道倾角小，远地点变轨所需的能量小，增加了地球静止轨道航天器的有效载荷能力。

知识链接

轨道倾角

轨道平面与地球赤道平面之间的夹角。用地轴的北极方向与轨道平面的正法线方向之间的夹角度量，范围为0°～180°。倾角小于90°时为顺行轨道，倾角大于90°时为逆行轨道，倾角等于90°时为极轨道。

图 1－7 地理位置优越的圭亚那航天中心

（2） 自然条件

自然条件是发射场选址的一个非常重要的因素。因为自然条件不仅对人的生活和发射场运行有重要的影响，而且还能严重制约飞行试验的实施。自然条件主要包括地理环境、地质条件、地形地貌、气候条件和生存条件。

地理环境包括发射场周围的社会环境。发射场一般应建在人口稀少的地区，周围没有重要的工业设施、矿山、油田和城镇等。

地质条件是指发射场区的地质符合发射场工程建设和施工条件，发射场区应在地震多发区之外，地质自然灾害少。

地形地貌就是要求发射场周围的地形地貌有利于工程建设

和各种设施设备的布局，对跟踪测量的限制小，有利于对航天员的搜索救援。

气候条件对航天发射的影响很大，应尽量选择大风、雷暴等极端天气过程少，年可发射时间长的地区。

生存条件是指人员正常生存所需的条件。发射场的选址应避开水质差、自然或人为污染严重的地区。

（3） 射向和航区安全

发射场允许射向是指允许运载火箭发射的方向范围。航天器的运行轨道平面一般与运载火箭的发射平面相近，因此，对于同一个发射场，运载火箭的发射方向将决定航天器的初始轨道。比如在赤道上的发射场，如果向正东发射，航天器的初始轨道倾角为0°左右，变轨后可以形成地球同步轨道。因此，为了提高综合效益，满足多种航天发射任务要求，发射场的允许射向范围应尽量大。

但是，发射场射向要受运载火箭航区安全的限制。

为了获得最佳的加速性能，运载火箭在飞行过程中需要将完成任务的部件抛弃，比如，将推进剂消耗完毕的助推器分离，飞出大气层后将整流罩分离。这些部件从高空落至地面时，会对地面产生强烈的破坏作用。这些部件的落区应避开人口密集的城镇、重要的工业设施、战略目标、繁忙的飞机航线等。随着现代运载火箭推力的加大、飞行距离的延长，运载火箭航区的选择难度将进一步增大。

一般情况下，内陆地区的发射场射向容易受到较大限制，而沿海或岛屿的发射场因航区分布在海面，射向范围相对较大，这也是许多发射场建在沿海或岛屿的重要原因之一。

（4） 测控站布设

航天器的发射既要考虑入轨前运载火箭轨道测量的任务，以利于安全控制、初始轨道预报和火箭性能的分析，又要考虑航天器入轨后的测量和控制。

首先，发射场的选址要考虑航区绵延几千千米的测控站布

> 知识链接
>
> **首区、航区、落区**
>
> 导弹试验飞行分三个段落，即发射场区、航区和弹着区。为了方便，又将上述三个段落简称为首区、航区和落区。后来，首区、航区和落区的概念沿用到运载火箭和航天器的发射中。

设。比如美国的肯尼迪航天中心，运载火箭航区沿东南方伸向大西洋，航程达8 000千米，可延伸到印度洋，航区测控站设在大西洋上的大马哈岛、达特克岛、安提瓜岛上。

其次，要充分利用陆上测控网，尽量少设新站点。陆上测控站具有安全性好、工作条件容易得到保证、建设和运行费用低等优点，如果能充分利用已有的陆上测控网，则可以大大降低工程投入。20世纪五六十年代，我国由于受安全形势限制，既不能在濒海陆地建设发射场，也不能在海外陆地和海岛建立测控站，只能将发射场建设在内陆腹地，并利用我国自西向东跨度约5 000千米的地理区域，建立与之相配套的测控网，这为后来的载人航天工程利用已有测控网奠定了基础。

（5） 交通运输

航天器的发射是一项庞大的系统工程，完成发射必须要将所需的人员、物资、设备、运载火箭、航天器及其测试设备运进发射场。因此，发射场的选址应尽可能选择在交通便利的铁路、公路、水路或航空便捷的地方。

由于现代大型运载火箭直径很大，铁路、公路和航空运输受到限制，因此，大型运载火箭发射场尽量选择在可利用或可建设大型水运码头的沿海地区或岛屿，如我国正在海南省文昌市建设能发射大型运载火箭的海南航天发射场。

（6） 安全与环境保护

航天器发射给环境带来的影响主要有推进剂的污染、发射时的噪声污染、发生灾难性事故后的次生危害等。

世界上成熟的运载火箭和航天器发动机系统大部分采用液体推进剂，早期最常用的推进剂是四氧化二氮或红烟硝酸加肼类（偏二甲基肼、一甲基肼、肼等）。这类推进剂具有良好的比冲性能和自燃特性，因此应用范围较广，但是其毒性却非常强。一枚运载火箭携带的推进剂多达几百吨甚至上千吨，而发射场每次发射任务需要贮存的推进剂更多。在贮存、转运、转注、加注、发射过程中，会产生大量的废液、废气，尽管科研人员会采取各种废液、废气处理技术对其进行处理，但是这些推进剂对环境的危害仍然不可低估。

此外，火箭推进剂多为易燃易爆物质，易发生泄漏、火灾、爆炸等事故。苏联、美国等国家都曾在发射台上或发射井内发生过重大事故，严重者伤亡百人以上。

因此，发射场的选择要保证人员安全，远离人口密集区、中心城市或重要工业基地。如俄罗斯的拜科努尔航天发射场位于半沙漠地区，美国的肯尼迪航天中心濒临大海，法国及欧空局的圭亚那航天中心位于人口稀少的南美洲。

（7） 未来发展

发射场是投资巨大、长期使用的基础设施，因此，发射场的选址必须要考虑其未来的发展潜力，以充分发挥其效益，延长其使用寿命。

首先，发射场需要有任务扩展能力，比如射向范围大、地域宽广、适于新建发射工位等，通过完善建设，能够满足较长时间内国家航天发射任务不断增长的需要。其次，应该考虑发射场的综合发展，以适应集发射、旅游、科教、文化于一体的商业运作，带动当地经济发展，发挥发射场的综合效益等。

3．对载人航天发射场的要求

（1） 完成发射任务

载人航天发射与一般航天发射的最大区别是载人，即航天员要进入发射场，乘坐航天器遨游太空。由于“人”的因素，发射场需要为航天员配套建设生活、训练和保障设施，确保航天员飞天前的身心健康和任务准备工作的顺利实施。更为重要的是，在出现发射故障时，发射场要能够及时将航天员撤出危险区，最大限度地保证航天员的生命安全。载人航天发射场除了具备一般航天发射场的重要功能外，还应为航天员提供发射前生活、训练和医监医保设施及条件，并完成航天员从进舱后到发射前的应急救生工作。

（2） 保证发射成功

确保发射成功是载人航天飞行成功的前提。国外对20世纪载人航天活动的统计数据显示：发射前准备及发射阶段发生的事故或故障，占到全部事故或故障的30%以上。因此，发射场作为航天员、运载火箭、航天器升空前最后的检测、准备场所，是确保发射成功的关键之一，在载人航天飞行任务中占有重要的地位。

要确保发射成功，要求发射场具备良好的试验条件和很强的试验能力，包括：

1）具有良好的自然条件，有利于航天发射、测量控制和航天员应急救生。

2）具有完善的设施设备，确保测试发射的高安全性和高可靠性。

3）具有先进的组织指挥系统，确保测试、发射顺利进行，严格质量控制，降低各种风险。

4）具有先进的测试发射技术，确保发射工作高效、有序、协调地进行。

（3） 确保航天员安全

确保航天员安全是载人航天活动的核心。载人航天史上血的教训告诫我们，忽视载人航天的可靠性、安全性，必将付出沉重代价。1967年1月，阿波罗4A飞船在发射台演练时，由于电气系统火花引起火灾，3名航天员不幸遇难。1986年1月，挑战者号航天飞机因固体助推发动机后部的密封圈失效，在空中发生爆炸，7名航天员全部遇难（图1−8）。这些事故在政治上、经济上都造成了巨大

图1－8 挑战者号航天飞机发生爆炸

损失。因此，必须高度重视载人航天发射的可靠性和安全性。

为确保航天员的安全，发射场需要全方位地保证航天员在生活、训练、测试和发射全过程的安全。主要包括：

1）发射场要选择在地势平坦的内陆地区或近海地区，气象条件较好，以满足载人航天发射时的应急救生要求。

2）航天员生活、训练区域要建设在离发射工位较远的地方，避免因运载火箭推进剂泄漏或爆炸产生的毒气、冲击波及碎片危及航天员的身体健康和生命安全。

3）发射场要充分考虑航天员的各种救生措施。比如在技术区、发射区要考虑对飞船封闭区域的环境控制，在发射区应设立航天员紧急撤离的逃逸滑道、防爆电梯等设施，同时要建立完善的待发段应急救生指挥控制系统，及时发现各种危险源，正确决策和实施航天员的应急救生。

4）在测试发射工艺流程中，要缩短航天员在发射区的停留时间，减少意外事故对航天员的不利影响。

4. 我国的载人航天发射场

我国在载人航天工程立项前，已经在内陆建设了三个航天发射场，分别是1958年建成的酒泉卫星发射中心，1979年建成的太原卫星发射中心，1983年建成的西昌卫星发射中心。

1992年，我国载人航天工程立项实施后，经过充分论证和综合权衡，选择了酒泉卫星发射中心作为载人航天发射场建设场址。发射场于1994年破土动工，1998年建成，1999年成功发射我国第一艘试验飞船。至2008年，载人航天发射场已成功完成了4艘无人飞船和3艘载人飞船的发射，先后将航天员杨利伟，费俊龙、聂海胜，翟志刚、刘伯明、景海鹏送入太空，并安全返回，为我国载人航天事业建立了功勋。图1－9为我国建成后的载人航天发射场。

（1）基础设施完善

酒泉卫星发射中心拥有完善的测量、控制、通信、气象、计

图1－9 我国载人航天发射场鸟瞰图

量、运输、发供电设施、设备，可完成多种轨道卫星的测试发射任务。中心生活设施齐全（图1－10），具有良好的载人航天发射基础。

（2） 发射条件优越

中心处于戈壁平原地带，人烟稀少，离最近的城镇也有近百千米，地势平坦，视野开阔，有利于发射场各项设施的建设，同时对跟踪测量的限制小，在出现危险情况时，航天员应急救

图1-10 生活设施齐全的酒泉卫星发射中心（上为室内游泳馆，中为人工湖，下为风景优美的生活区）

生的条件极好。

中心气象条件优越，没有集中的恶劣天气因素影响，每年可发射时间长达300多天。

飞船副着陆场选择在中心附近，可以借助中心的测控设备，对飞船部分返回轨道进行跟踪测量。

（3） 跟踪测控条件好

20世纪70年代初，我国建成了自西向东的一系列陆上测控站，形成了满足各种轨道卫星测控要求的综合测控网。

中心位于我国西北地区，在该中心发射载人飞船时，射向为东南方向，可以充分利用国家已经建成的测控网，由酒泉、渭南、青岛、厦门等测控站自西向东完成对火箭上升段100%的跟踪测控。

（4） 航区安全有保证

允许射向可覆盖41°～90°轨道倾角的航天器发射要求，射向范围较宽。中心周边为戈壁地貌，航区200千米以内基本为无人居住区，600千米以内没有人口密集的大城市和交通干线，火箭残骸坠落不会造成大的危害，航区安全有保证。图1-11为酒泉卫星发射中心主要射向示意图。

（5） 气象条件适宜

中心所处地区四季分明，是典型的内陆气候，冬季寒冷，夏季炎热，春秋季节短促。长年干旱少雨，天高云淡，年晴朗天气在260天左右，能见度极好。年平均雷电日仅为11.7天，属少雷地区，各种恶劣天气不集中，容易满足发射条件。

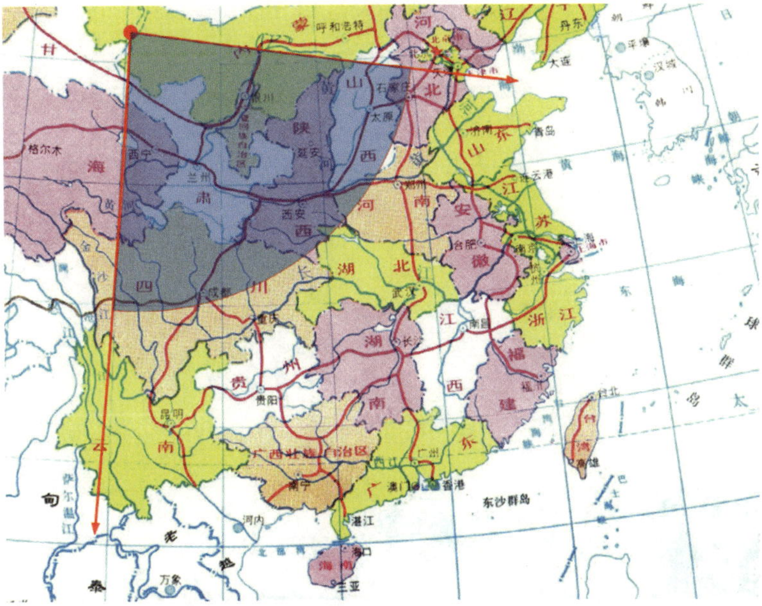

图 1－11 酒泉卫星发射中心主要射向示意图

（6） 交通运输便利

中心公路交通便利，并已建成200多千米的专用铁路线，与国家铁路干线相连。中心毗邻大型机场，可作为航天器、有效载荷、火箭惯性器件及人员进出发射场的快捷空中通道。

知识链接

神舟号飞船从中国载人航天发射场起航

发射神舟1号无人飞船

1999年11月20日，我国第一艘神舟号飞船发射成功，拉开了我国载人航天发射的序幕。

发射神舟2号无人飞船

2001年1月10日，神舟2号无人飞船发射成功。这是我国第一艘正样飞船，标志着飞船研制取得了重大进展。

发射神舟3号无人飞船

2002年3月25日，神舟3号无人飞船发射成功。这是飞船按照载人状态进行的第一次飞行试验，标志着我国向载人航天迈出了重要一步。

发射神舟4号无人飞船

2002年12月30日，神舟4号无人飞船发射成功。这次飞行结束了无人飞船阶段，标志着飞船具备了载人飞行条件。

发射神舟5号载人飞船

2003年10月15日，我国第一艘载人飞船发射成功，航天英雄杨利伟成为中国飞天第一人，中国成为世界上第三个独立自主掌握载人航天技术的国家。

发射神舟6号载人飞船

2005年10月12日，神舟6号载人飞船发射成功，英雄航天员费俊龙、聂海胜在轨飞行五天，标志着我国掌握了多人多天航天飞行技术。

发射神舟7号载人飞船

2008年9月25日，神舟7号载人飞船发射成功，航天英雄翟志刚在英雄航天员刘伯明、景海鹏的协助下成功出舱，在太空漫步19分钟，标志着我国掌握了太空出舱技术。

第二章

初识庐山真面目

—— 中国载人航天发射场巡礼

位于戈壁深处的载人航天发射场，伴着身边古老的弱水河和胡杨林，向世人娓娓诉说着数十年的沧桑和壮举。

运载火箭和载人飞船在这里经过严格测试，组装成一条蓄势待发的冲天“飞龙”，肩负着中华民族的飞天梦想，一次次拔地而起、飞向苍穹。

1. 地理上的五大区域

（1）技术区

技术区是火箭、飞船在发射前进行技术准备的场所。火箭、飞船、航天员、有效载荷和逃逸塔等进入发射场后，首先要在这里测试、组装并进行各项检查。

宽阔的绿化带将技术区一分为二：非危险作业区包括垂直总装测试厂房、飞船有效载荷总装测试厂房、水平转载准备间、测试发射控制楼等；危险作业区包括飞船加注与整流罩装配厂房、逃逸塔总装测试厂房和火工品区。90 多米的垂直总装测试厂房是亚洲最高的单层建筑，外部装饰简洁明快，蓝白相间形成一个直立的火箭图案。

图 2－1 为技术区的平面布局图。

（2）发射区

发射区是火箭、飞船进行射前准备和发射的场所。在这里，要进行火箭和飞船的功能检查、火箭推进剂加注、航天员进舱、状

图 2－1 技术区平面布局图

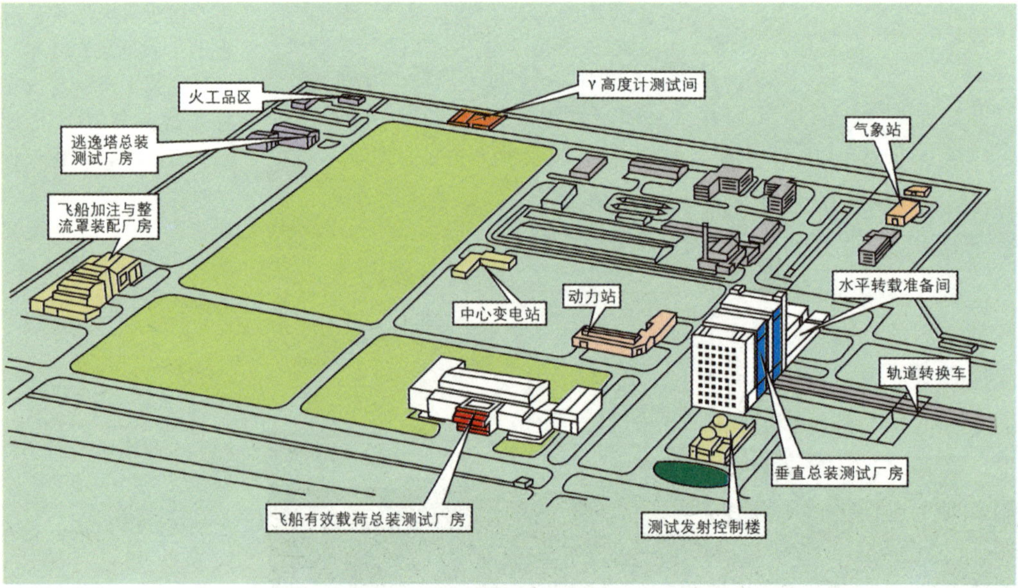

态准备、临射检查、瞄准和发射程序，并提供安全救生、消防及其他保障。

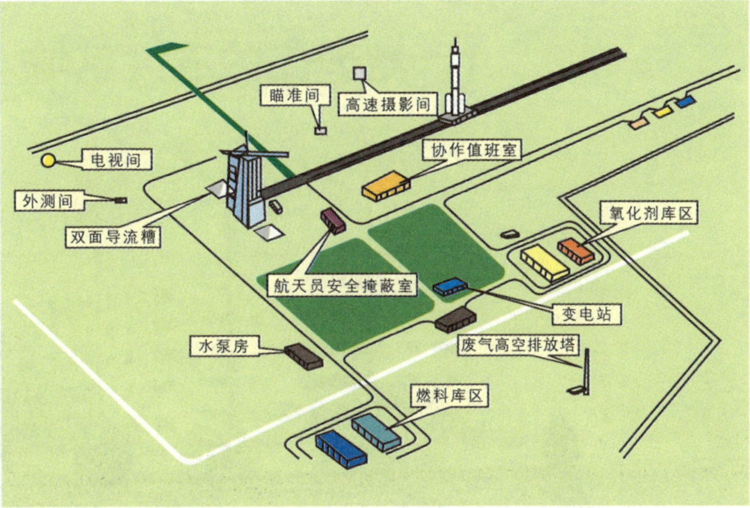

图2–2 发射区平面布局图

发射区位于技术区东南方向约1.5千米处。其布局体现了简化设计的思想，地上建筑屈指可数，发射塔是发射区的标志性建筑。发射区的地下却是个复杂的迷宫，错落布置着地下设备间、航天员安全掩蔽室、导流槽等设施。

图2–2为发射区的平面布局图。

（3）试验指挥区

试验指挥区是对火箭和飞船测试发射工作进行组织和指挥，以及对火箭上升段进行测量、控制和指挥的场所。

试验指挥区（图2–3左上方）包括试验指挥楼和通信楼。试验指挥楼是发射任务的指挥中心，负责火箭和飞船从准备发射到入轨前这一时段的指挥、测控及显示工作，具有实时和事后数据处理分析，首区气象资料汇集、分析处理及预报等功能。在飞船发射过程中，这里成为整个发射场最为繁忙的地方，是发射任务的“大脑中枢”。从发射区传来的火箭、飞船、航天员及地面设备的各种监测数据，来自各个测控站、测控（测量）船的系统信息，都汇聚到这里，供各级指挥人员对飞船发射全过程进行跟踪和控制。

图2–3 试验指挥区

图 2－4　神舟宾馆一角

（4）试验协作区

试验协作区是载人航天工程的后勤保障区，是参试人员休息、生活和工作的场所。图 2－4 为神舟宾馆一角。

（5）航天员区

航天员区是航天员进入发射场后进行训练和生活的场所，其主要功能是为航天员提供相关训练、医监医保及生活保障。

图 2－5　圆梦园外景

航天员区是载人航天发射场区别于其他航天器发射场的一个显著标志。图 2－5 为航天员在发射场的驻地——圆梦园。

2．功能上的五大系统

载人航天发射场不仅包括硬件设施，也需要相关的技术系统做支撑。就如同人体的组织，如果将五大区域比作人体的骨骼和肌肉，那么五大系统就是遍布全身的神经和血管。

（1）测试发射指挥监控系统

从火箭、飞船进入发射场的那一刻起，直至火箭发射，测试发射指挥监控系统始终按照事先制定的指挥程序，负责整个发射任务的组织指挥，确保飞船、火箭、航天员、测控和发射场等各个系统，按照正确的技术状态有计划、分步骤地执行发射任务。作为连接各级指挥决策机关的枢纽，测试发射指挥监控系统对上接受部署在试验指挥区的指控中心的指挥，向下指挥管理、监测监视、检查控制各个系统及有关岗位、设施、设

图 2－6 测试发射指挥监控系统显示设备

备的操作过程和工作状态，具备指挥保障、监测控制、监视显示、信息交换和数据管理等五大功能。

图2－6为测试发射指挥监控系统的显示设备。

（2）发射场区测控通信系统

发射场区测控通信系统的主要任务是完成火箭上升段的飞行轨道测量和景象实况记录；根据各分离点参数预报逃逸塔、助推器及一子级的落点；完成发射场区测控设备作用范围内对火箭、飞船和航天员系统的工程、环境、生理遥测等参数的接收记录；具备危急事件应急救生判断决策和控制飞船逃逸的能力；实施对火箭的安全控制和对飞船的部分遥控等。发射场区测控通信系统由发射场测控中心和若干测控站组成，包括雷达测量、光学测量、高速摄影等分系统。

（3）航天员应急救生指挥保障系统

世界航天大国在开展载人航天工作时，都采取了严密的生命保障措施和应急手段，从航天员进入飞船到安全返回地面，始终尽最大可能确保航天员的生命安全。我国航天员的生命安全保障体系有多种救生手段，其中，隶属发射场系统的待发段航天员应急救生是这个安全保障链的重要一环。

待发段是指从航天员进入飞船至火箭起飞（含事故状态下火箭紧急关机）这个时段。该系统即是针对这一阶段可能出现的危险情况，使发射场系统能按预定方案，利用应急救生手段，使航天员安全、迅速地脱离危险区，并尽可能将事故给发射场工作人员和设施设备带来的损失减小到最低限度。

（4）加注供气系统

加注系统主要用于火箭推进剂的转注、贮存、加注和泄回，并根据火箭发动机的要求调节推进剂的温度，处理推进剂产生的废气、废液等。

供气系统的主要功能是压缩、贮存、配制空气、氮气、氦气及高纯氮、高纯氧等特种用气，供运载火箭、载人飞船、航天员、空间应用及地勤系统使用。

（5）技术勤务系统

技术勤务系统是载人航天发射场为载人航天发射任务提供气象、计量、特种燃料化验、供配电、消防与火灾报警、机电加工与维修等各种技术支持服务的系统。

3. 载人航天测试发射流程

火箭和飞船运抵发射场后，必须按照一系列严格的操作程序，有条不紊地完成各项发射前的准备工作，才能最后点火发射。载人航天的测试发射流程（图2－7），就是火箭、飞船和航天员等进入发射场后，按照既定程序进行测试、组装、运输、加注和发射的工作流程，它反映的是火箭、飞船和航天员等各系统与发射场设施设备之间的协同工作关系、工作顺序和保障条件。

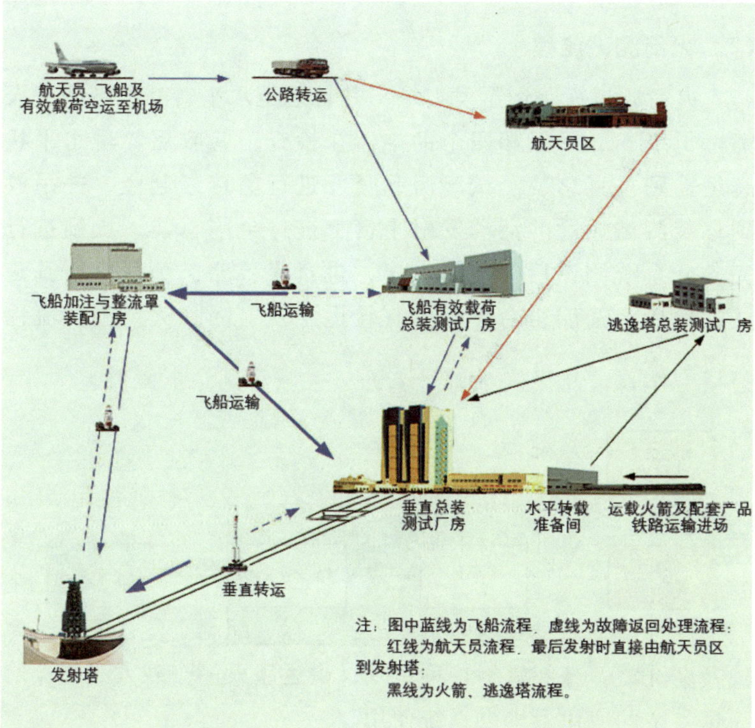

图2－7 载人航天测试发射流程示意图

（1）飞船测试流程

飞船空运至发射场后，先在飞船有效载荷总装测试厂房转载间进行转载、除尘，然后通过气闸间转入飞船总装测试大厅，进行分系统测试和综合测试。测试合格后，在垂直状态下运输到飞船加注与整流罩装配厂房，完成飞船加注及整流罩装配，之后运往垂直总装测试厂房与火箭对接。人、船、箭联合检查测试之后，箭船组合体被垂直转运至发射区。飞船测试流程见图 2－8。

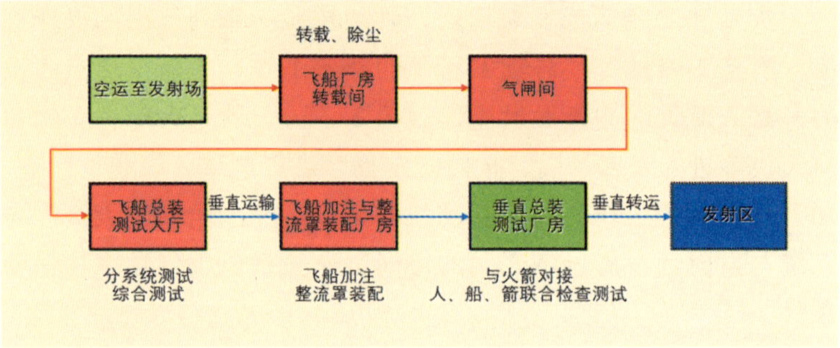

图 2－8 飞船测试流程

（2）火箭测试流程

火箭通过铁路运至发射场，并转运至水平转载准备间，火箭一子级、二子级和四个助推器在检查、验收后，呈水平状态运输到垂直总装测试厂房起竖厅进行翻转、起竖，并吊放到总装测试大厅的活动发射平台上进行全箭总装。火箭进行完各分系统测试后与飞船对接，进行人、船、箭联合检查测试，最后，箭船组合体被垂直转运至发射区。火箭测试流程见图 2－9。

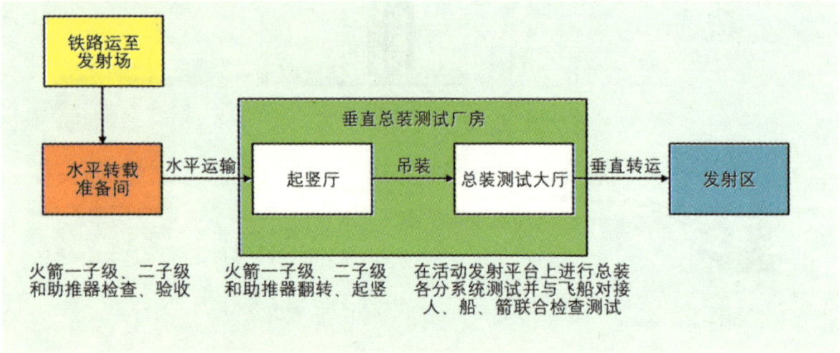

图2－9 火箭测试流程

（3）逃逸塔及整流罩检查测试流程

逃逸塔进场后，先在逃逸塔总装测试厂房进行固体发动机测试、充气检漏和总装测试，合格后与船、箭对接。

整流罩卸车后，先在飞船加注与整流罩装配厂房转载间进行清洁处理，然后在装配测试厅进行检查测试，合格后与飞船合罩。

（4）航天员的工作流程

航天员先后两次进入发射场。第一次主要是熟悉发射程序和各种设施设备，参加日常训练、逃逸救生演练和人、船、箭联合检查，完成训练后返回北京的航天员科研训练中心进行常规强化训练；第二次是执行飞行任务。

（5）箭船组合体流程

箭船组合体转运至发射工位后，活动发射平台自动对中锁定，接着进行全箭垂直度调整和粗瞄，合拢发射塔各层工作平台，连接发射塔与箭船之间的管线，给飞船整流罩送洁净风。建立测试环境后，进行箭、船联合功能检查，火箭加注。

进入发射前5小时发射程序后，飞船进行系统功能检查，航天员进入飞船返回舱，开始进行人、船、箭、地联合检查测试，火箭进行检查、精瞄。塔勤系统撤收封闭空间和工作平台，人员撤离。火箭进入自动发射程序，点火发射。

4. “三垂一远”的测试发射模式

测试发射模式就是航天测试发射所采用的方式，主要包括总装、测试、运输和发射方式等。影响测试发射模式的主要因素有航天发射的时间要求、火箭和飞船的适应性、测试发射技术水平、发射场地面设施设备的支持能力等。我国载人航天选择的是“三垂一远”测试发射模式，既可满足可靠性、安全性要求，又可满足后续空间实验室、飞船天地往返运输系统以及空间救援系统等发射要求。

所谓“三垂”，是指飞船和火箭垂直组装、垂直测试、垂

图2-10 "三垂"模式

直运输的模式（图2-10）。在技术区，飞船及火箭在垂直状态下进行组装对接、测试，最后垂直运输到发射区，经过简单的性能复查后即可加注发射。其主要优点是技术区与发射区箭上产品状态一致，火箭占位时间短。缺点是需要建造大型垂直总装测试厂房和活动发射平台。这种方式目前已被世界许多国家所采用，一般都应用在大型运载火箭、载人航天发射及发射频率要求高的发射场。

所谓"一远"，是指远距离测试发射控制方式，其特点如下。

1）载人航天发射场测试发射中心设在技术区，提高了发射的安全性。

2）测试发射中心配置完备的测试发射系统和 C^3I 系统，利用中心的一套主控设备及布置在技术区、发射区各个工位的前

知识链接

各式各样的测试发射模式

根据航天器发射所采取的技术方案，人类航天史上迄今为止出现过五种测试发射模式，它们分别是：水平分段组装、水平分段测试、水平分段运输模式，水平组装、水平测试、水平整体运输和起竖模式，航天器直接在发射台组装测试模式，水平分级转运、发射区垂直组装、垂直测试发射模式，垂直组装、垂直测试、垂直运输模式。

知识链接

测试发射控制方式的演变

导弹武器最先采用的是近距离测试发射控制方式。其特征是：发射场设有技术和发射两个阵地，各有一套测试发射设备，分别对导弹进行水平综合测试和垂直综合测试、发射；在发射阵地靠近发射台的地方，设置坚固防护的地下发射控制室，防止发射时产生的声振、热辐射以及意外爆炸事故对发射人员的伤害。采用近距离测试发射控制方式，主要是因为在导弹发展初期，技术水平不够发达，只能采用低电压的模拟量进行测试和发射控制，控制信号有效作用距离短。地下发射控制室一般离发射台比较近，最远只有几百米的距离。

随着导弹武器的发展，对自动化检测的要求越来越高。快速发展的电子计算机为自动检测提供了技术工具。20 世纪 60 年代，美苏相继发展了远距离测试发射控制技术，美国甚至可以由一个控制中心控制几枚导弹的测试、发射。为了满足越来越高的可靠性与安全性要求，提高发射频率，发射场的重心逐渐转移到技术区，在这种情况下，形成了远距离测试发射控制方式。其特征是，发射时的任务指挥和测试控制改在技术区设置的远距离控制的测试发射中心内完成。该中心的一套测试发射设备兼顾技术区的综合测试和发射区的综合测试及发射控制，使技术区和发射区连为一体，形成了统一的发射场概念。

置设备，对技术区的综合测试和发射区的发射进行控制，提高测试发射的可靠性和检测自动化水平，缩短测试时间，减轻测试发射人员操作时的心理负担。

图 2－11 飞船系统一点三工位设备配置示意图

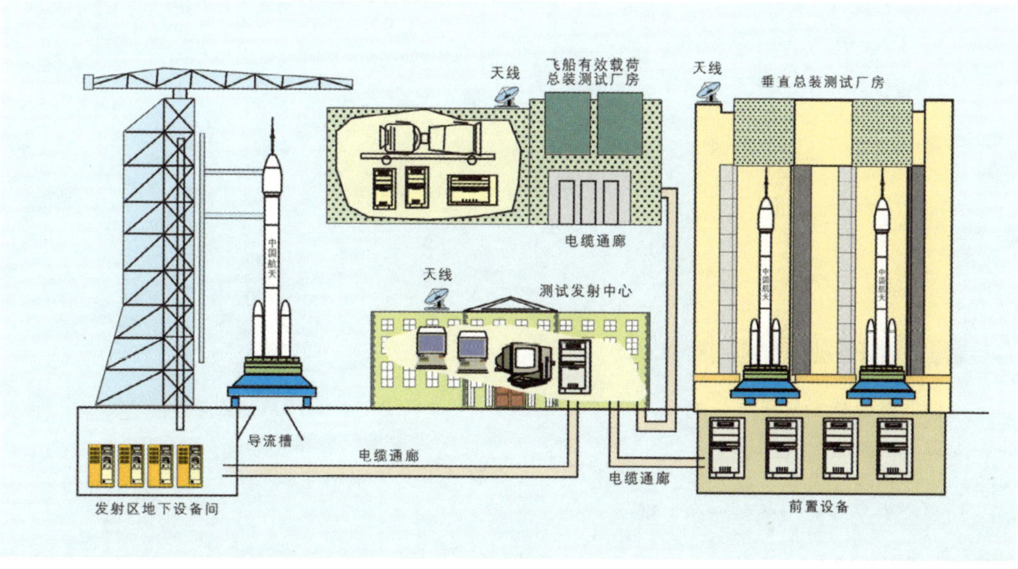

飞船和火箭均采用远距离测试发射控制技术，主控设备在技术区，采用一点多工位的控制方式，飞船为一点三工位，火箭为一点两工位。例如飞船的测试发射，在测试发射中心放置一套主控设备，前置设备分别放在飞船有效载荷总装测试厂房、垂直总装测试厂房和发射区地下设备间，测试发射中心的这套主控设备分别控制三个工位的飞船测试和发射（图2－11）。

3）发射勤务设施实现远距离控制。发射区加注、消防、摆杆、瞄准等设施均采用计算机网络，连通测试发射控制楼的测试发射指挥监控系统，实现远距离控制。

第三章

神舟号飞船的体检中心

——飞船总装测试厂房和加注扣罩厂房

飞船抵达发射场，标志着载人航天发射任务进入最后实施阶段。

从进场到发射的两个多月时间里，神舟号飞船要在飞船总装测试厂房和加注扣罩厂房完成单舱组装、气密性检查、电性能测试、三舱总装及加注、扣罩等项工作。

1．飞船厂房进行总装测试

飞船有效载荷总装测试厂房简称飞船厂房（图3－1），是载人飞船、空间应用、航天员等系统进行装配、测试等工作的场所。它是技术区仅次于垂直总装测试厂房的第二大建筑，可同时完成一艘飞船的总装和另一艘飞船的检查测试。

整个厂房在平面布局上共分为五个区段，各具不同的使用功能。Ⅰ段是飞船的总装测试室间，包括飞船总装测试大厅、船上设备及单元仪器测试间，以及为保证飞船测试环境的空调机房等。Ⅱ段是航天员系统工作区，在面向大厅的一侧设有参观厅，可以透过玻璃窗看到大厅内的工作情况。Ⅲ段是飞船进出厂房的通道，主要由转载间、气闸间和部分单元测试间组成。Ⅳ段是二层结构的有效载荷测试用房，分布着有效载荷各个分系

图3－1 飞船厂房外观

统的工艺测试用房，飞船搭载的实验设备均在此进行测试。V段是检漏间。图3–2为飞船厂房平面布局。

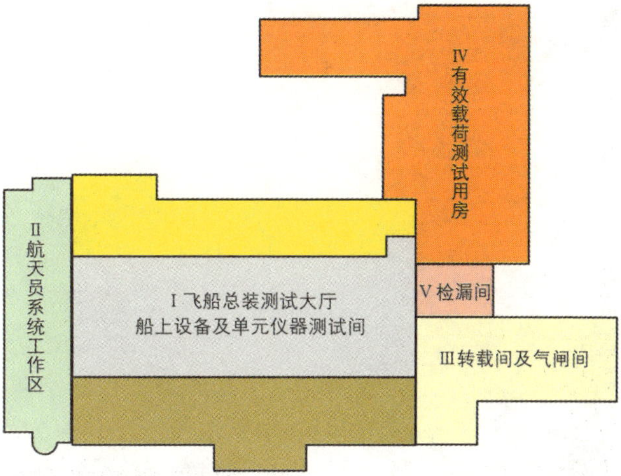

图 3–2 飞船厂房平面布局

神舟号飞船的返回舱、轨道舱和推进舱分别运输进场，完成各自的测试工作后，再用起重机将三个舱段逐个吊装、对接，组成完整的飞船。

图3–3为飞船轨道舱与返回舱对接情形，图3–4为组装完毕的飞船。

图 3–3 飞船轨道舱与返回舱对接（左）

图 3–4 组装完毕的飞船（右）

2. 高新技术创造优越条件

飞船厂房外表虽然朴素大方，但其内部却蕴含了多种高新技术。洗去征尘的气闸间、超洁净的测试环境、严格密闭的检漏间，都突显出其在载人航天发射场的重要作用。

图 3—5　气闸间

（1）洗去征尘的气闸间

飞船厂房的气闸间，用来保证飞船进出总装测试大厅时，测试大厅内的密闭、洁净空间不受外部环境的影响。

由于飞船测试时需要一个高度洁净的空间，总装测试大厅对空气洁净度的要求非常高，需要利用空调系统形成一个封闭和洁净的测试环境。但设备运输和人员进出，会将外部灰尘和室外空气带入大厅，不可避免地对厅内的洁净空气造成污染。

知识链接

气闸间的工作原理

气闸间作为航天器测试厂房的必要配置，一般设在两个洁净度不同的相通洁净区之间，或洁净区与非洁净区之间，是一个阻断室内外空气或污染气流的缓冲间。它有两扇不能同时开启的门，其目的是在两个不同洁净区或洁净与非洁净区之间形成隔断，防止污染空气进入洁净区，或造成不同洁净区之间的交叉污染。

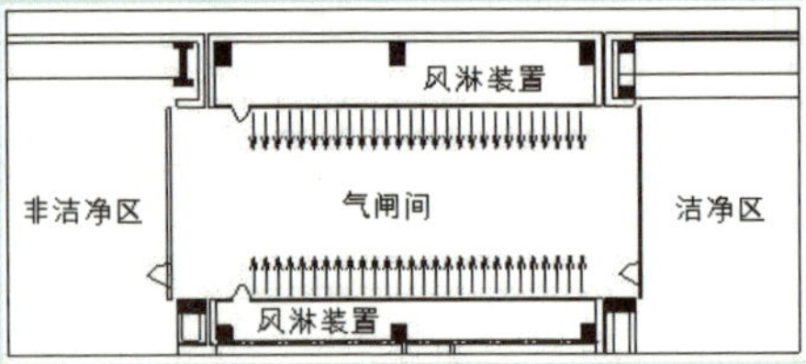

气闸间原理图

为此，需要设计一个特殊房间——气闸间。

飞船厂房的气闸间(图3－5)为送风式气闸间，两面墙上布满蜂窝状的气流喷口，人员或设备进入气闸间后，高速洁净气流从喷口中喷出，将气闸间内设备表面和人员服装上附着的灰尘吹落。经过“风浴”后的设备和人员，可以基本保证不带灰尘和污染物进入厂房的洁净工作区。

（2）超洁净的测试环境

飞船上安装有太阳能帆板和各种高精密仪器，对测试环境的要求相当严格，不但需要相对稳定的温湿度条件，而且需要超洁净的测试环境。在飞船总装测试大厅这样的超大空间，长时间维持恒定的温湿度和洁净度，是环境保障系统面临的极为苛刻的要求。

由于发射场地处西北戈壁，室外气候条件恶劣，风沙大、大气含尘量值波动范围大，冬季最低温度达零下30多度，夏季最高温度40多度。在这种室外条件下，维持如此大容积的室内空间环境参数，特别是洁净度要求，常规的空调保障技术已经不再适用，必须采取特殊的空调保障技术，这就是载人航天发射场采用的“高大空间洁净分层空调系统技术”。

总装测试大厅从高度上一分为二，下部为洁净工作区，上部为非洁净工作区，分别采用不同的空气处理工艺，重点保障飞船所处区域的环境条件。

洁净工作区采用双侧分层送风的气流组织形式，垂直方向设置三层净化送风口和一层回风口（图3-6）。为了满足洁净度要求，空气在被送入房间前，要经过初效、中效和高效三

图3－6 总装测试大厅分层送风口

级过滤，将空气的含尘量降低到受控范围。将空气中的沙尘阻挡在厂房外的装置叫做过滤器，这是一种类似于“筛子”的东西，空气通过时，较大颗粒的沙尘就留在了过滤器上。吊车所在高度生成的污染空气直接从上部回风口排出，不会进入下部洁净区，从而保证了飞船所在高度的洁净度要求。

测试大厅两侧各设有一个空调机房，机房里的组合式空气处理设备（简称空调机组）对室外进入的新鲜空气，根据室外的环境条件进行预处理（夏季气温较高和潮湿时降温除湿，冬季气温较低和干燥时升温加湿）。经过预处理后，空气的温湿度条件接近室内空气，然后再与室内回流过来的空气流混合，最后经过过滤、调温、调湿，通过送风管道、高效过滤送风口送入室内。图 3－7 为总装测试大厅空气处理原理图。

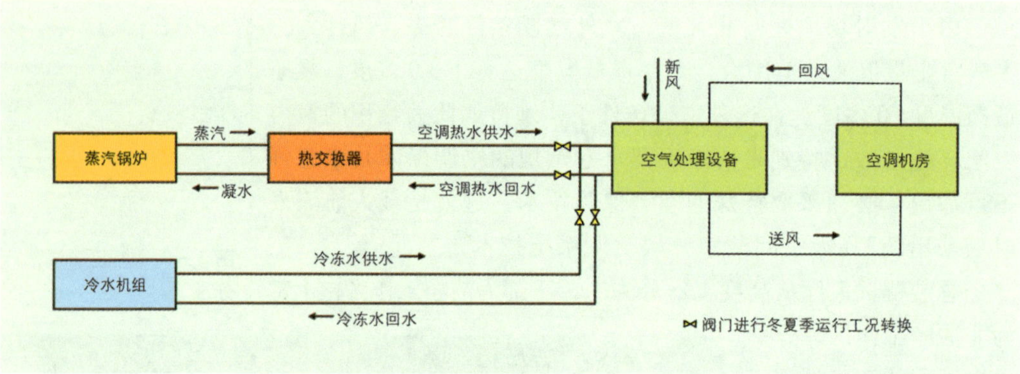

图 3－7 总装测试大厅空气处理原理图

（3）严格密闭的检漏间

检漏，就是检查飞船是否存在泄漏。通过这一环节，可以确保飞船整船及环控生保系统、推进剂贮箱、管路等密封合格。

飞船检漏就在飞船厂房的检漏间完成。形象地说，检漏间就是一个气密性很好的“大容器”，飞船进入检漏间后，检漏间四周的大门关闭，形成一个密闭、绝热的空间。连接检测设备后，在飞船内部充入惰性气体，保持一定的压力，在较长时间内利用检测仪器连续监测检漏间内的气压变化情况。如果飞船存在泄漏，则飞船内部的惰性气体就会泄出，使检漏间内的气

知识链接

飞船泄漏导致航天员身亡

1971年4月19日，苏联发射了人类第一个空间站——礼炮1号。6月6日，载有3名航天员的联盟11号飞船从拜科努尔发射场发射升空，并与礼炮1号成功对接。3名航天员进入礼炮1号空间站，在太空停留了23天18小时22分钟，进行了一系列天文观测和生物、医学实验。6月29日飞船返回，6月30日1时35分，飞船按程序启动制动发动机。在再入大气层前，返回舱和轨道舱分离，当连接两舱的分离插头分离后，返回舱的压力平衡阀被震开，密封性能遭到破坏，返回舱内的空气从该处泄漏，舱内压力迅速降低，导致航天员因急性缺氧、体液沸腾而死亡。尽管飞船返回程序继续正常工作，返回舱也借助降落伞安然着陆。但当人们打开舱门时，看到的却是3名航天员的遗体。这一事故是苏联载人航天史上最为悲惨的一次。

压升高，这一气压的异常变化就会被墙壁上安装的检测设备探测到，从而对飞船的密封状况做出判断评估。

3. 启程前为飞船“加满油”

飞船在轨运行期间，需要进行姿态调整、变换轨道、制动返回，这些动力就来源于飞船所携带的推进剂。

飞船携带的推进剂重约数百千克，主要是肼类（无水肼、一甲基肼）和四氧化二氮。相对运载火箭数百吨的推进剂加注而言，飞船的推进剂加注程序和加注设备的复杂性大大降低，不必建造复杂而庞大的加注管路和加注设备，而是通过将飞船推进剂贮箱抽成真空，让推进剂借助压力差“自流”完成加注。

（1）飞船加注与整流罩装配厂房

飞船加注过程在飞船加注与整流罩装配厂房（简称飞船加注扣罩厂房，图3-8、图3 9）完成。整个厂房分为转载间、加注厅和整流罩装配厅三个主要工作区域。转载间是整流罩和飞船进出厂房的通道，整流罩的组装在这里完成。加注厅是飞船各舱段加注推进剂的地方。整流罩装配厅是加注后的飞船与整流罩组装（即“扣罩”，也称“合罩”）的地方。

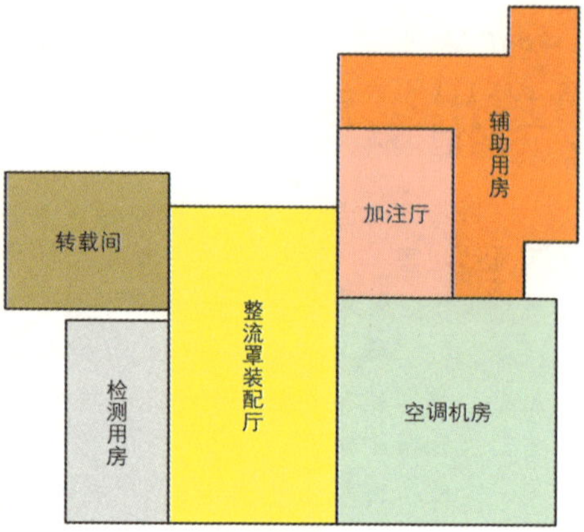

图3－8　飞船加注扣罩厂房外观（左）

图3－9　飞船加注扣罩厂房平面布局（右）

（2）飞船推进剂加注程序

飞船完成加注前的准备工作后，运至加注厅，起吊至加注工位。为了保证安全，飞船的燃料和氧化剂先后分别加注。

完成推进剂加注后，飞船返回舱和推进舱氦气瓶分别充气，同时继续进行推进剂泄漏监测，确保推进剂完全密封无泄漏后，飞船由加注工位吊装下来，转入整流罩装配厅（图3－10）进行扣罩。

在加注厅东侧设有指挥间，通过设在加注厅内的摄像机实施无人隔离操作，也可以通过墙上的防爆观察窗直接察看飞船的加注。

图3－10　整流罩装配厅

4. 出征前为飞船“穿上防护衣”

(1) 整流罩的装配

整流罩的装配在整流罩装配厅内完成。首先将整流罩的倒锥段、后柱段、后锥段、前柱段和前锥段对接在一起，形成一个完整的整流罩。再把装配好的整流罩分解成两个半罩，安装仪器和电缆，并进行性能测试，之后分别对两个半罩进行清洁和除尘，等待与加注完毕的飞船合罩。

(2) 合罩

飞船完成推进剂加注后，转入整流罩装配厅。在工作人员

图 3－11　整流罩合罩

图3－12　飞船与整流罩组合体被运往垂直总装测试厂房

的细心操作下，两瓣整流罩合并成一个完整的整流罩，将飞船及有效载荷包在其中（图3－11）。

随后，飞船与整流罩的组合体由飞船加注扣罩厂房运往垂直总装测试厂房（图3－12），等待与火箭对接。

知识链接

神舟号飞船与阿波罗飞船采用不同的加注消防系统

阿波罗飞船由指挥舱、服务舱、登月舱三部分组成，飞船推进剂加注量约5.5吨，其中3吨用于登月舱在月面登陆和从月面上返回环月轨道，另外2.5吨用于服务舱从环月轨道返回地球。阿波罗飞船加注消防系统由6支喷射式水枪组成，一旦发生火灾，使用喷枪向飞船喷水。这种方式能及时有效地扑灭加注过程中出现的意外火灾，但水枪喷出的消防水却对飞船的电气、仪器系统带来损伤。

神舟号飞船的加注消防系统以水消防作备份，而以直排风方式尽快降低加注厅内可燃气体浓度为主要消防手段。正常情况下，空调净化系统采用循环风方式，以保证整个加注厅内的环境条件。一旦出现推进剂泄漏等异常事故，厅内安装的报警系统立即启动，空调系统自动启动连续排风程序，不再保证温湿度和洁净度要求，以最快速度降低加注厅内的可燃气体浓度，保护飞船的安全，也便于工作人员进入厅内紧急处理。

第四章

呵护箭船的巨型摇篮

—— 垂直总装测试厂房

垂直总装测试厂房，赫然屹立在载人航天发射场。火箭、飞船在这里起竖、对接、组装，在垂直状态下完成各种测试。

她像一个巨型摇篮，精心呵护着神箭和神舟，一次次地将它们从这里送上探索太空的征程。

1. 亚洲最高的单层建筑

放眼载人航天发射场，有两座高大的建筑格外引人注目，其中一个是高高耸立的发射塔，另一个就是垂直总装测试厂房（简称垂直厂房，图4－1）。从背面望去，白色的外墙上用浅蓝色勾画出一个巨型捆绑火箭的图样（图4－2），两条铁轨将厂房与1 500米外的发射塔紧密相连。

图4－1 垂直厂房英姿（左）

图4－2 垂直厂房后视图（右）

作为载人航天发射场的标志性建筑之一，垂直厂房是长征2F运载火箭在发射场的主要工作场所。我国的载人航天工程采用了垂直总装、垂直测试和垂直运输的测试发射模式，缩短了发射区的工作时间。从火箭分级水平运进发射场，到临射前的近两个月时间里，运载火箭要在这里起竖、对接、组装，在垂直状态下完成各种测试。测试完毕的飞船也要在这里与火箭进行垂直总装。最后，箭船组合体垂直运往发射区，进行推进剂加注并择机发射。

（1）独具规模的高大建筑

屹立在戈壁大漠上的垂直厂房是一座钢筋混凝土结构的建筑，高约100米，相当于38层高的大楼，是目前亚洲最高的单层建筑。厂房总面积3万多平方米，是我国第一个，也是亚洲最大的垂直总装测试厂房。

厂房内部是约80米的高大空间，房顶上装有一台巨型桥式吊车，通廊式固定平台均布于两侧墙壁上，固定平台上悬挑出钢结构的活动平台，当长征2F运载火箭和神舟号飞船到达以后，这里俨然就变成了“室内发射架”（图4－3）。

厂房地面装有防静电水磨石，大门两侧设有竖向条状采光窗，大厅内光线充足、清新明亮。各种测试工作间和保障用房，充分利用了钢筋混凝土结构建筑物所营造的立体空间，巧妙布置，使整个厂房内部的布局线条清晰，硬朗而整齐。图4－4为垂直厂房内景。

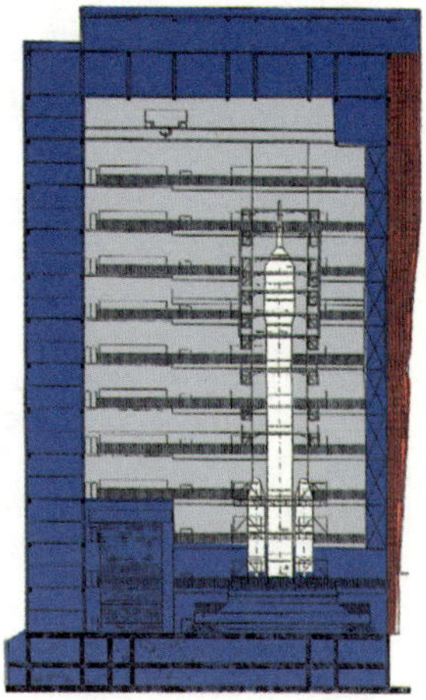

图4－3 火箭和飞船在厂房内的剖面图

（2）独树一帜的主体结构

垂直厂房不仅规模庞大，而且是一座中间没有任何楼板连通的巨型框架结构建筑物，这在中国乃至亚洲建筑史上从未有过。由于厂房高度接近100米，内部空间高大、空旷、不规则，同时还要考虑发射场区最大40米/秒的风载荷，以及设防烈度7度的抗震要求。建设这样超常规、超高层的钢筋混凝土巨型厂房，在地震和风载荷的作用下，厂房的侧向位移是必须考虑的重要因素，抗侧力结构体系是否安全、经济，决定着厂房设计的成败。

图4－4 垂直厂房内景

设计人员结合我国国情，创造性地提出了“钢筋混凝土巨型框架－多筒体空间结构体系”，这种结构用刚度极大的钢筋混凝土箱型屋盖与筒体形成抗侧力结构体系，有效地减少了侧向位移，解决了无横向连接大空间、倒“T”形大门、连续悬挂平台等技术难题，设计出了钢筋混凝土结构的垂直总装测试厂房。

（3）双工位并行的工艺布局

垂直厂房的内部平面布局，是根据火箭和飞船的运输、转载、组装、吊运、总装及测试要求决定的。垂直厂房由转载间、水平准备间、起竖厅、总装测试大厅以及附属的测试间、工作间、保障用房等组成。为了兼顾未来载人航天发展的需要，厂房内并行设置了两个垂直总装工位，能够同时满足两枚火箭的总装测试需要。起竖厅位于总装大厅的北面，与总装测试大厅相通。火箭从垂直厂房右侧的水平转载间进入起竖厅，然后依靠起竖厅内的吊车完成从水平状态到垂直状态的起竖吊装。火箭起竖后，大厅内的吊车可以直接将火箭吊装到活动发射平台上，从而完成火箭从起竖到就位的整个流程。这样不仅节约了起竖厅内的一部吊车，使吊装更流畅、方便，而且使整个厂房形成一个完整的空间。图4－5为垂直厂房平面布局。

图4–5 垂直厂房平面布局

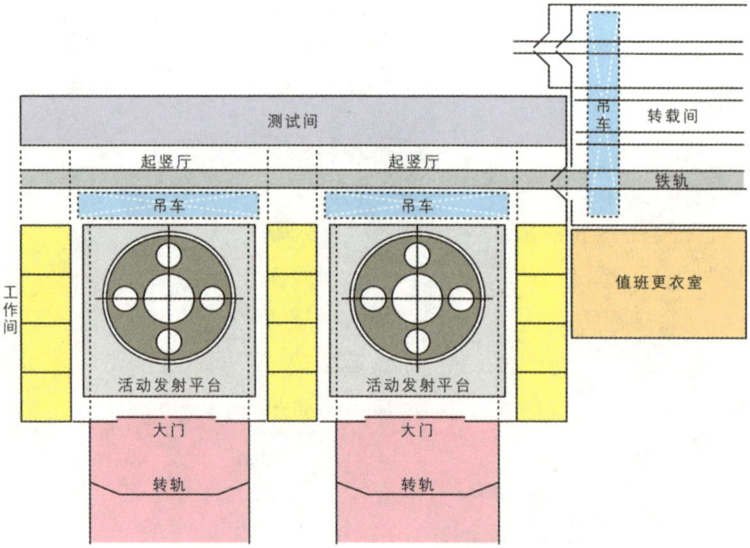

垂直厂房右侧的总装工位中心点，与发射区的发射中心点的连线，形成了火箭由技术区向发射区垂直转运的中线，连接二者的铁轨就沿着这条中线铺设。垂直厂房的大门设在这条中线上，完成总装测试的箭船组合体，通过开启后的大门运往发射区。

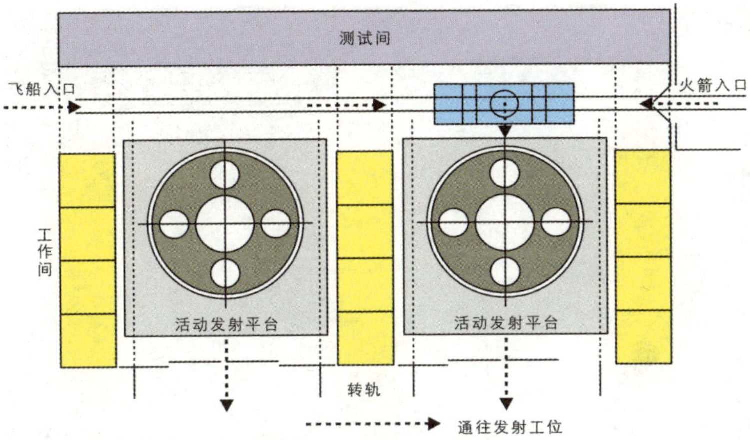

图 4－6 垂直厂房内箭船测试流程示意图

由于飞船和火箭需要在垂直厂房进行对接，为了保证飞船与火箭两条主线不交叉、不重叠，同时保证通过总装测试的箭船组合体能够从正对发射区的大门垂直运出，因此安排火箭由厂房的右侧入口进入，转载间和水平准备间与之相邻，进入发射场的铁路也直接到达这里。飞船则从厂房的左侧入口进入，通过起竖厅直接进入总装测试大厅与火箭对接。图4－6为垂直厂房内箭船测试流程示意图。

（4）悬挑式活动平台

竖立在活动发射平台上的火箭直径仅3米多，而大厅的平面尺寸约28米见方，在火箭起竖后进行装配、测试时，工作人员必须近距离接触火箭和飞船，并能到达所需的高度，这是怎么实现的呢？

在装配、测试过程中，为了让工作人员从厂房两侧的固定平台上尽量接近火箭，就需要在钢筋混凝土主体结构、固定平台和活动平台之间“搭桥”，设置过渡结构。由于从钢筋混凝土主体结构外沿至箭体中心线的最远距离达14米，常规的处理方法难以满足上述要求。为此，设计师巧妙地采用了“悬挑桁架－悬挑梁组合”方式，即在每个测试工位围绕箭体设多层活动平台，活动平台的外缘与安装在固定平台层间的竖向导轨相连，固定平台再与钢筋混凝土主体结构相连。为分散荷载，每三层固定平台间设置一格构式桁架，通过竖向吊杆悬挂活动平台与

图 4－7　悬挑式平台

固定平台。

通过这种特殊的工艺设计，不仅充分利用了钢结构的力学性能，构造简单，传力途径简捷明确，而且可以灵活地实现活动平台的上下移动和翻转撤收，既能满足箭体吊装的空间要求，又能满足工作人员的近距离操作要求。图4－7为悬挑式平台。

2．火箭的水平转运与起竖对接

图 4－8　运载火箭专列抵达发射场

与垂直厂房相邻的水平转载准备间，是整个发射场的转载中心，这里承担着火箭、逃逸塔及相关仪器设备的卸车、转载及火

图 4－9　火箭在转载间完成转载（左）

图 4－10　停放在水平准备间的一子级、二子级和助推器（右）

箭水平停放准备工作。

在载人航天发射任务前 2 个月，载有长征 2F 运载火箭的专列抵达发射场（图 4－8）。运载火箭进入发射场后，首先在转载间完成各子级从铁路运输车到厂房平板车的卸车和转载（图 4－9），然后进入水平准备间进行外观检查（图 4－10）。随后，各子级被水平推入垂直厂房，利用垂直厂房的吊车，首先将火箭一子级吊放到活动发射平台上（图 4－11），然后依次吊装四个助推器和火箭二子级（图 4－12）。

图 4－11　火箭一子级吊放（左）

图 4－12　火箭二子级吊装（右）

随后，火箭各分系统将分别进行单元测试、分系统测试和综合测试。在此期间，飞船和逃逸塔分别在飞船厂房、飞船加注扣罩厂房和逃逸塔总装测试厂房完成各自的组装、测试和加注工作。

3．火箭和飞船、逃逸塔对接

飞船加注、扣罩和逃逸塔安装工作完成后，飞船／整流罩组合体和逃逸塔依次垂直转运至垂直厂房与火箭对接安装（图4－13、图4－14），进行火箭、飞船联合总检查，加注信号联试等工作，并进行转场准备工作。

图4－13 飞船与火箭对接（左）

图4－14 逃逸塔与火箭对接（右）

4. 人、船、箭联合测试

人、船、箭联合测试是载人航天发射过程中的一个重要环节，也是火箭和飞船运往发射区前最后一次全系统联调联试。那么，什么是联合测试？为什么要进行联合测试呢？

发射前进行的人、船、箭联合测试就是载人航天发射任务的彩排，通过联合测试，既考核了航天员、载人飞船、运载火箭和发射场这几个系统各自的状态，也考核了人机之间配合工作的协调情况。

各个系统严格按照发射程序进行“演练”，除了火箭的推进剂未加注、火工品不点火外，一切都是按照“真实模拟发射实况”的要求，“真刀真枪”地进行操练。通过联合测试，既考核了各个系统的射前准备情况，同时也能够真实暴露出各个系统及系统之间存在的问题，并通过解决这些问题，进一步提高发射的安全性、可靠性。图4－15为人、船、箭联合测试场景。

联合测试的一项重要内容，就是航天员参与其中，进行登塔演练、进舱模拟飞行、航天服工作状况检查以及待发段应急救生演练等。

也许大家会感到奇怪，登塔不就是坐电梯、进飞船，还需要进行演练吗？对于载人航天发射任务而言，任何一个细节，

图4－15 人、船、箭联合测试场景

无论是简单还是复杂，都是不能忽略和遗漏的，必须确保万无一失。更何况航天员登塔并不是一件简单的事情。

航天员在发射前是穿着舱内航天服进入飞船的。一套舱内航天服重达十几千克，而且十分臃肿。可以想象，穿着这么笨重的衣服，想要走路都不是一件轻松的事，更何况他们要从狭小的舱门进入飞船，还要注意不摔跤、不踩错地方、不碰坏设备。航天员进入飞船后，要对航天服的密封性能和舱门的密封性能进行检查。在太空环境下，航天员的生存全靠飞船或舱内航天服制造出的人工环境来保障，而良好的密封是建立和保持这种生存环境的基础，绝对不能出现半点差错。航天员在密封的飞船中，按照正常程序进行模拟飞行状态下的人、船、箭联合测试。测试结束后，要对各系统包括舱内航天服的数据进行分析判读，确保各个系统状态正常。

在联合测试过程中，航天员救助队还要进行应急救生演练（图4－16），模拟事故发生时航天员的紧急救生处置，确保在待发段出现危及航天员生命安全的情况时，能够按照预先设计的方案，正确实施决策和指挥，使航天员安全、快速地脱离危险区，并尽可能将对工作人员和设施设备带来的损失降低到最小。

图4－16 应急救生演练

5. 开启“亚洲第一门”

垂直厂房作为一个洁净厂房，箭船总装测试时，要形成一个相对封闭的立体空间；箭船总装完毕后，又要移出垂直厂房。箭船组合体加上活动发射平台，高度达60多米。如何确保总装测试时形成封闭空间，总装测试完毕后，又使这个巨型物体顺利走出厂房，驶上通往发射区的轨道呢？这就有赖于垂直厂房的大门了。

垂直厂房大门总高70多米，由于上部船箭组合体直径较小、下部发射台较宽，所以大门设计成上窄下宽的倒“T”字型，整个大门的面积达1 000多平方米，重350多吨，被称为“亚洲第一门”。

按照传统观念，将整个大门做成一个整体显然是不现实的。为了解决这一难题，设计人员采取了化整为零、分块组合的方案。经过充分论证计算，最终决定采用升降推拉组合式大门。整个大门由6个升降门扇和2个推拉门扇组成。图4-17为“亚洲第一门”的结构图。

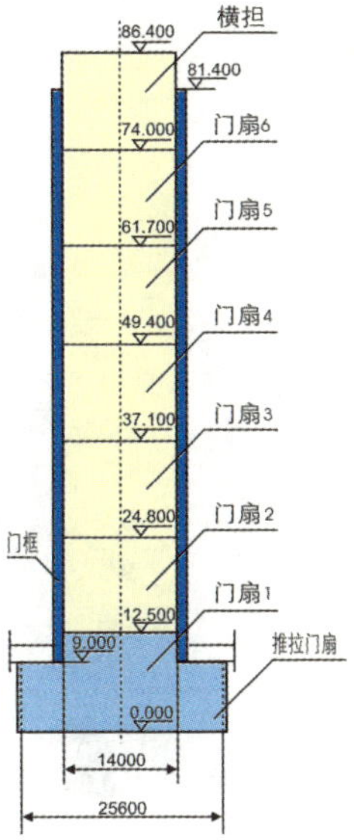

图4-17 “亚洲第一门”结构图

大门在开启时，利用6台功率为15千瓦的卷扬机，从下至上依次将6个门扇升起。门框内侧设有导轨，门扇可在导轨里上下移动。当门扇升起后，在70多米以上的位置设置了一个放

图4-18 开启后的大门

图 4—19　垂直转运时的盛况

置门扇的空间。为了防止门扇意外跌落，在每个门扇的下部，都设置了防跌落装置。下面两个推拉门扇向两边拉开后，形成一个25 米×9 米的门洞，以方便活动发射平台进出。图4－18 为开启后的大门。

6．箭船组合体垂直转运

垂直厂房右侧工位的大门缓缓开启，箭船组合体逐渐显露出来。大门外，两条又平又直的铁轨伸向1 500 米外的发射塔。那里，将是神舟号飞船起航的港湾。

箭船组合体高高屹立在活动发射平台上，相当于20 多层高的大楼。在火箭的顶端，安装着飞船和整流罩，由于火箭的推进剂还没有加注，箭船组合体处于一种头重脚轻的状态。活动发射平台在行走过程中，如果出现大幅摇晃，就会危及箭船组合体的安全。

荒芜的戈壁滩，是风的舞台。在这短短1 500 米的路途中，风速是一个必须监测的因素。每一次垂直转运，事先都要对天气进行一次全面的预测和分析，依据天气情况作出科学决策，确保箭船组合体安全转运。

图4－19 为载着箭船组合体的活动发射平台，缓缓向发射塔前进的盛况。

知识链接

我国自主研制的活动发射平台

活动发射平台是机、电、液一体化的大型高技术设施，自重约750吨，由跟随式驱动控制车驱动，可在轨距20米的无缝重型钢轨上行走。在垂直厂房内，它是箭船组合体的承载平台；在从技术区至发射区的转运过程中，它是箭船组合体的垂直转运平台；在发射区，它是箭船组合体的发射平台。

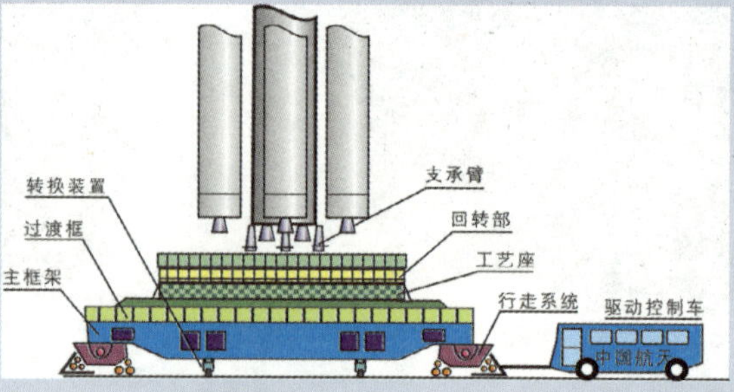

活动发射平台主体结构图

第五章

托举神箭的钢铁巨人

——载人航天发射塔

夜幕上，几十盏探照灯射向发射塔，与塔架上的灯光交相辉映。发射塔就像一座晶莹剔透的水晶宫殿，屹立在茫茫戈壁，雄伟而壮观。

塔架环抱的箭船组合体，则如一枚定海神针，悄然伫立，气宇轩昂地接受着飞天前的最后检阅。

1. 雄伟壮观的发射塔

载人航天发射塔，是发射场最引人注目的建筑之一，也是发射区的核心建筑。这个“钢铁巨人”为钢结构固定塔，高100多米，重约2 500吨，最大悬臂长24米。图5-1为载人航天发射塔的结构图。

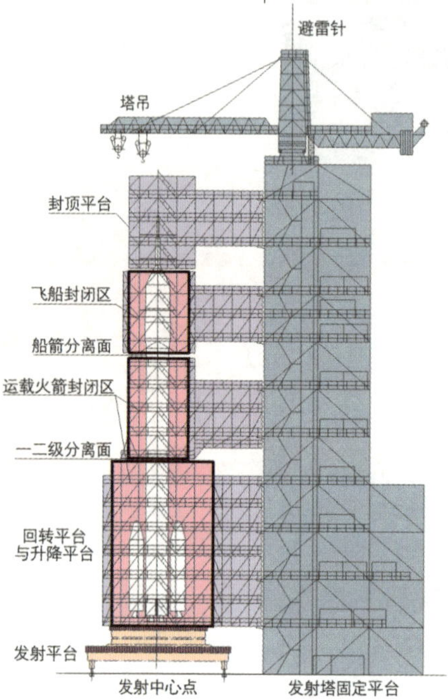

图5-1 载人航天发射塔结构图

(1) 基本特征

第一个特征是横截面呈“K”字形结构，许多设施设计成可旋转形式。火箭起飞后，可能产生横向位移（漂移），这个可能存在的漂移量称为火箭飞行安全漂移量。由于塔体要让开火箭飞行安全漂移量，因此塔体离火箭的距离比较远，所以，要将工作平台和勤务臂设计成旋转式，吊车设计成臂架式，因而工作平台的悬臂和吊车的旋转幅度比较大，以便在发射准备阶段，使各种设施接近箭船组合体，在发射时，又可以让出足够的空间(图5-2)。

图5-2 展开“双臂”的发射塔

第二个特征是塔体高大坚固，有条件设置面积较大、条件较好的测试工作间，设备完善的电梯和大面积的电缆通道。动力电缆、气管、推进剂加注管、水管、爬梯等设备，也能较容易地布置在适当的位置。

第三个特征是有较强的抗自然灾害能力，工作平台、吊车、发射塔水平杆具有承受风载荷的能力。

（2） 测试发射保障功能

发射塔具有完备的测试发射保障功能，主要包括：安装了两部电梯，用于运送人员和设备；装有四段回转平台，环抱火箭和飞船，形成遮风挡雨的封闭空间；在回转平台内设有升降平台（图5－3），供测试人员开关舱门、装卸仪器、连接插头、测试和航天员进舱使用；塔上设有多套空调系统，为工作间、火

图5－3 回转平台与升降平台

箭和飞船封闭空间调温，为飞船整流罩送洁净的冷暖风；上部回转平台开有瞄准窗口，以保证地面瞄准光路对准火箭的瞄准棱镜；塔上设有吊车，在飞船出现故障需要单独返回技术区处理时，可完成逃逸塔和飞船的下卸，在飞船排除故障返回发射区后，可完成逃逸塔和飞船的起吊，使其再次与火箭组装；塔上设有火灾报警和消防系统，在发生火灾的情况下，可以及时进行消防作业。

（3）"脐带"功能

火箭和飞船在发射准备过程中，与地面设备间电、气、液管线的连接十分复杂。火箭要实现高飞的梦想，就必须离开发射塔的怀抱。如果把发射塔看作火箭的"母体"，那么这些管线就像连接"母体"与"婴儿"的"脐带"。这些管线要一直工作到火箭起飞前才从箭上脱落。因此，发射塔又叫做脐带塔。

发射塔的功能之一是，通过塔上电缆摆杆和回转平台，敷设从地面到火箭和飞船的电、气、液等管线。图 5－4 为发射塔上的电缆摆杆。

图5－4　发射塔上的电缆摆杆

(4) 逃逸救生功能

图 5-5 塔架上的逃逸滑道入口

载人飞船与卫星的发射塔相比，大部分功能是相同的，所不同的是飞船要载人，如果火箭和飞船万一出现事故，航天员需要及时撤离到安全地带。因此，发射塔设计有高速防爆电梯和紧急撤离滑道等安全设施，在出现意外的情况下，航天员能通过这些设施，迅速到达发射塔下的地下安全掩蔽室，避免生命安全受到伤害。

在火箭待发阶段，发射指挥人员发现火箭出现危险情况，需要航天员紧急撤离时，会对航天员发出紧急命令。航天员接到命令后，在救助队的帮助下，迅速打开飞船舱门，以最快的速度出舱，然后从舱门附近的平台上，通过高速防爆电梯或紧急撤离滑道，到达安全地带。图 5-5 为塔架上的逃逸滑道入口。

2. 双面不对称导流槽

(1) 什么是导流槽

火箭点火后，产生高温高速的燃气流。为了避免发射塔及其周围的地面和地下设施遭受烈焰和气流的破坏，需要在发射平台下面设置能够将高温、高速、高压的燃气流顺利导出发射塔周围并顺利排放的设施，这个设施就是导流槽（图 5-6）。

图 5-6 导流槽外观

图 5－7　火箭发射时喷出的燃气

(2) 导流槽的作用

火箭起飞总重量近500吨。为了托举起这个庞然大物，火箭的8台发动机同时工作，火焰同时从8个喷管中喷出，喷管出口的燃气流速约为2 800米/秒，温度高达1 300℃(图5－7)。如此高温可以将铸铁和铜熔化，而且这些高温高速的燃气会产生强大的冲击波和反射波。就像江河汛期来临时的巨大洪峰一样，如果不能将其顺畅地导排出去，就会产生极大的破坏作用。洪水可以冲毁堤坝，如果导排不畅，火箭前冲和反射的燃气也会烧坏发射设施和火箭尾部，导致发射失败。

导流槽的主要作用就是导排火箭点火时产生的燃气流，防止燃气回火或冲向地面设施，保证火箭与地面设施的安全。导流槽还设有喷水设施，在火箭点火前几秒钟喷水，一方面减小燃气流对导流面的冲刷，另一方面水的汽化可吸收部分声能，降低燃气流的冲击噪声。图5－8为导流槽导排燃气原理图。

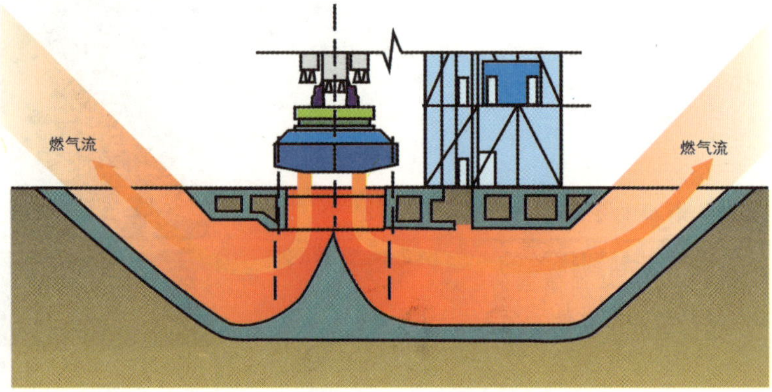

图 5－8　导流槽导排燃气原理图

(3) 导流槽的结构

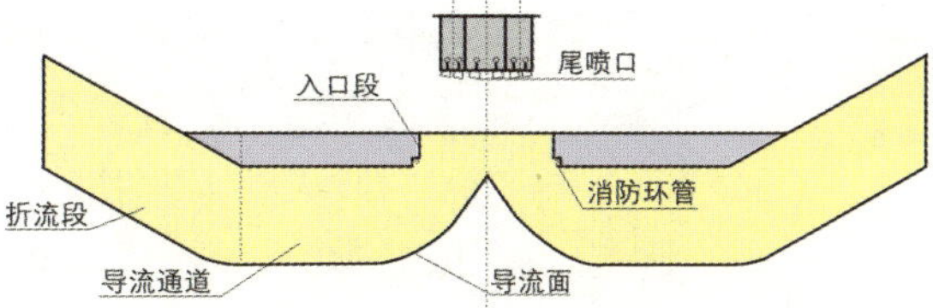

图5−9 导流槽结构

导流槽可分为入口段、导流面、导流通道、折流段等几个部分，其结构如图5−9所示。

入口段是导流槽直接对着发动机尾部喷管的部位。其主要功能就是提供空间，将发动机喷出的燃气流导引到地下导流槽中。

导流面是火箭燃气流直接喷射的部位，其作用是将燃气流强制转向，由垂直向下流动变成沿着导流通道向两侧流动，从而实现有效导排的目的。

导流通道和折流段的作用是在导流通道中进一步调整燃气流的方向，使其沿着折流段设计的方向离开导流槽，重新回到地面，保证燃气流不会对地面设施、箭船组合体和航天员造成伤害。

(4) 导流槽的设计特点

我国的载人航天发射场为何采用双面导流槽呢？原来这与地质情况有关。发射区地下水位在18米左右，如果建单面导流槽，需要挖掘31米深，这样必须采取复杂的防水措施。但建双面导

知识链接

各式各样的导流槽

导流槽的结构形式通常有斜槽形、锥形和楔形。斜槽形导流槽通常采用单面导流技术，楔形导流槽通常采用双面导流技术，锥形导流槽则采用三面导流技术。我国酒泉、西昌、太原卫星发射中心早期使用的都是斜槽形导流槽。

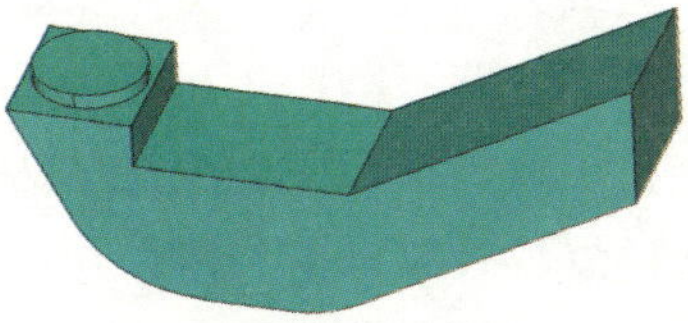

（a）斜槽形导流槽

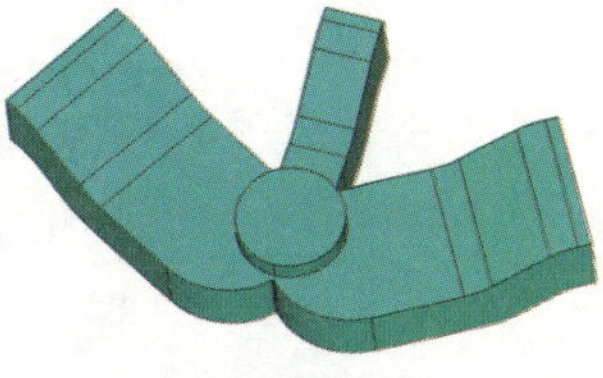

（b）锥形导流槽

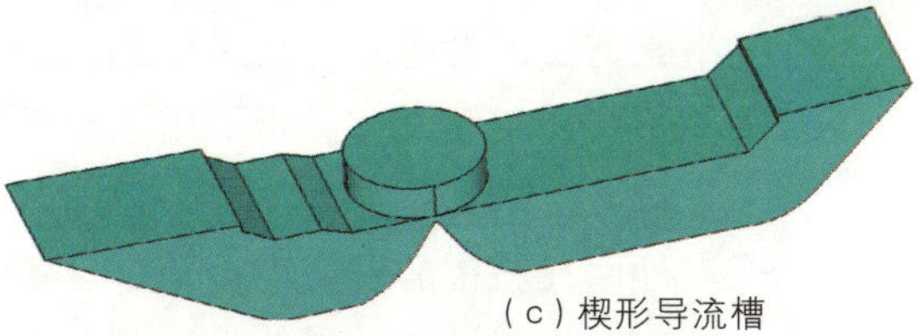

（c）楔形导流槽

流槽，只需挖掘16米深，不触及地下水层，而且两面作业，施工周期短，节省经费。

载人航天发射场导流槽首次采用大型双面不对称设计方案，槽宽20米，总长110多米，长边长62米，折返角45°，短边长50米，折返角30°。因此，称为不对称双面导流槽。火箭发射时，发射塔背后的长边燃气流高高扬起，有利于塔架附近推进剂库房的安全。远离塔架一侧的导流槽短边燃气流出地面后贴近地面，有利远处光学测量仪器对火箭起飞过程的光学测量与拍摄。

导流槽使用钢筋混凝土构筑，槽面是在普通混凝土基础上再浇注耐火混凝土，耐火温度达1 500℃。整个导流槽的面积相当于10个篮球场，深度有8层楼高。

3. 发射阶段航天员的逃逸救生

(1) 发射阶段航天员面临哪些危险

统计数据表明，在载人航天任务“发射—升空—在轨运行—返回”的各个阶段，发生危及航天员生命安全事故概率最大的是发射阶段，即待发段和上升段。

从航天员进入飞船至火箭起飞(含事故状态下火箭紧急关机)这个时段称为待发段。航天员在待发段面临的主要危险包括：飞船、运载火箭装载的数百吨推进剂或飞船携带的高纯氧、高纯氮贮箱、管路、阀门等出现泄漏，可能引起着火、爆炸等恶性事故；运载火箭和飞船安装的火工品、固体发动机、压力容器、安控爆炸装置等潜在危险源出现的异常情况；在检查测试过程中，由于操作不当或静电、漏电、潜电路、电磁干扰等因素诱发，出现误启动、火工品误爆或其他危险情况；火箭点火后不能正常起飞，虽可实施紧急关机，但由于不对称推力的干扰过大，造成箭体倾倒，或者由于控制系统断电失败造成的危险；地面设施中的发射塔、地下设备间异常起火，推进剂库房异常泄漏导致着火、爆炸造成的危险。

火箭点火起飞至船箭正常分离的时段称为上升段。航天员在上升段面临的主要危险包括：起飞时助推器或一级发动机未启动、着火、逃逸塔未分离，一二级分离时二级主机或游机未启动，飞行过程中单台发动机推力下降或丧失、级间未分离、整流罩未分离，飞行过程中一个伺服机构卡死、控制系统开环故障、船箭未分离等。

确保航天员安全是载人航天工程的最基本要求，发射场的航天员应急救生方案可分为紧急撤离和逃逸救生两种模式。

（2） 紧急撤离模式

紧急撤离是指发射前出现危险情况，在不必启动逃逸塔或难以启动逃逸塔的情况下，航天员通过救助队的帮助，紧急从飞船返回舱撤离到地下安全掩蔽室的过程。航天员紧急撤离有两种方式：第一种方式是利用防爆电梯（图5－10）实施紧急撤离；第二种方式是利用紧急撤离滑道实施紧急撤离。

在进舱过程中或进舱后，如果火箭、飞船或者其他系统发生故障，但暂时不会发生重大事故，航天员可以通过防爆电梯撤离，从塔上撤离出口直达地下安全掩蔽室。

在发射前夕，若出现紧急情况，航天员通过紧急撤离滑道，一般半分钟左右就能到达地下安全掩蔽室。紧急撤离滑道每分

图5－10 航天员乘坐的防爆电梯

钟可撤离20～30人，能够满足塔上航天员和其他工作人员紧急撤离的要求。

安全掩蔽室属地下构筑物，距地面4.8米。室内装有隔墙百叶窗式换气扇、应急灯、引导灯等，室内氧气储存量可供30人使用4小时。为了保证航天员的安全，掩蔽室设置了两道保护门：第一道是防爆门，可以防止爆炸冲击波危及航天员的安全；第二道是密封门，可防止有毒有害气体进入掩蔽室。

（3）逃逸救生模式

在火箭待发段和起飞后的低空飞行段（抛掉逃逸塔之前），当火箭出现致命故障而危及航天员生命安全时，可以采用逃逸救生模式来拯救航天员。

逃逸塔是安装在火箭顶端的尖塔状装置，它和位于其下方的整流罩的上半部分，以及飞船的轨道舱、返回舱，共同组成逃逸飞行器。在火箭起飞前900秒到起飞后120秒的时段内，也

知识链接

快速又安全的紧急撤离滑道

紧急撤离滑道由钢套管和弹性救生袋两大部分组成。弹性救生袋在结构上分为三层，外层为防火的玻璃纤维，能防止大火烧蚀；中层为弹性纤维层，能适应不同身材的逃逸人员控制下降速度；最里层为KEVLER纤维层，这种纤维的抗拉强度是尼龙纤维的2倍多，用来支撑救生袋的全部重量，并且表面柔软，摩擦系数小，保证人员舒适下滑。紧急撤离滑道共有三处入口，分设于固定平台九层的航天员进舱平台、六层的火箭二级加注口和三层的火箭一级加注口。为了保障安全，出口设有减震垫。

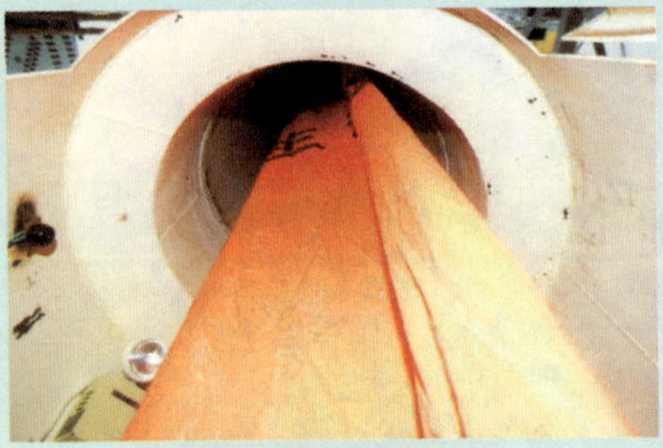
紧急撤离滑道外观

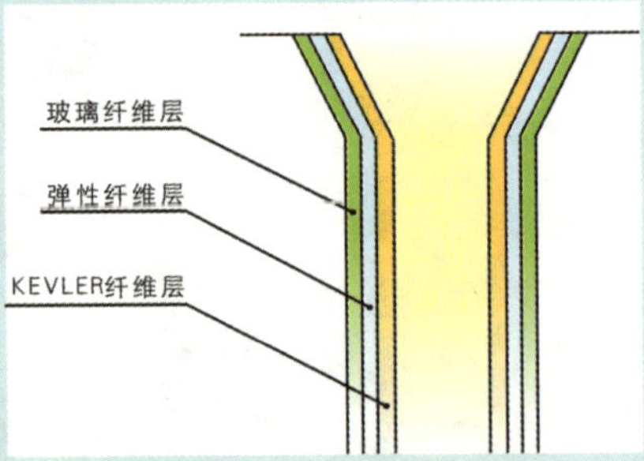

紧急撤离滑道结构示意图

图5–11 零高度逃逸救生试验

就是飞行高度在 0 ~39 千米时，万一火箭发生故障，逃逸飞行器与故障火箭和飞船的推进舱分离，逃逸塔上的逃逸主发动机

知识链接

苏联航天员通过逃逸塔应急逃生

1983 年 9 月 26 日，苏联联盟型（SL—4）火箭准备发射联盟 T10A 飞船。这天深夜，总重近 300 吨的火箭和飞船耸立在拜科努尔发射场，发射程序在有条不紊地进行着。在倒计时 2 小时，两名航天员弗·季托夫和格·斯特列卡洛夫进入飞船座舱。人们对发射的成功充满信心，因为这种型号的火箭已成功发射过 45 艘载人飞船。

倒计时 60 秒，箭上关键电路接通。

倒计时 20 秒，火箭的自动点火程序机构开始工作。

倒计时 15 秒，火箭周围的塔架打开。

至此一切正常。

在倒计时的最后几秒里，火箭发动机的涡轮泵开始加速旋转，准备点火升空。

就在这时，火箭上的故障传感器突然发出警报信号：火箭底部起火！

终止发射程序已不可能了，这意味着满载液氧、煤油推进剂的火箭随时会发生爆炸。

现场指挥员沉着应对，指令断开整流罩与火箭、飞船座舱与服务舱之间的连接（也可自动完成）。1 秒钟后，逃逸塔自动点火，将飞船座舱连同整流罩拉离火箭，倾刻之间爬升至数千米的安全高度。

在飞船持续爬升的时候，运载火箭在发射台上发生爆炸，爆炸声震天动地，火箭瞬间化为碎片，发射塔周围一片火海。

在火箭爆炸后不到两分钟，降落伞吊着飞船返回舱下落，最后缓冲发动机工作，返回舱降落在距离发射台 4 000 米的地方，两名航天员安然无恙。

这是人类几十年航天史上唯一一次逃逸塔救生的成功案例。

和控制发动机点火工作，将逃逸飞行器带到远离故障火箭的上空，飞船返回舱从逃逸飞行器中分离出来，带着航天员安全降落到地面。图 5－11 为零高度逃逸救生试验。

4. 张弓搭箭话瞄准

(1) 不起眼的瞄准间

在离发射塔 200 米的地方，有一座并不起眼的小房子，它就是瞄准间(图 5－12)，火箭发射时的瞄准仪就布置在这里。瞄准间正对火箭的方向设置有供瞄准光路通视的瞄准窗。

图 5－12 瞄准间

(2) 火箭的瞄准过程

士兵张弓搭箭，箭头直指对方，需依靠敏锐的眼睛。步兵使用步枪，通过眼睛观察，要求标尺缺口、准星、目标三点成一线。有经验的枪手还能根据对手的远近、运动规律和地面风向与风速，作出相应的修正。

运载火箭的瞄准远比步枪的瞄准复杂得多。火箭好比子弹，飞船好比弹头，塔架好比枪械，火箭使用的瞄准仪好比狙击步枪的瞄准镜。火箭瞄准的目标是航天器的入轨点。一般而言，火箭飞离发射塔转弯后飞行的方向称为射向。

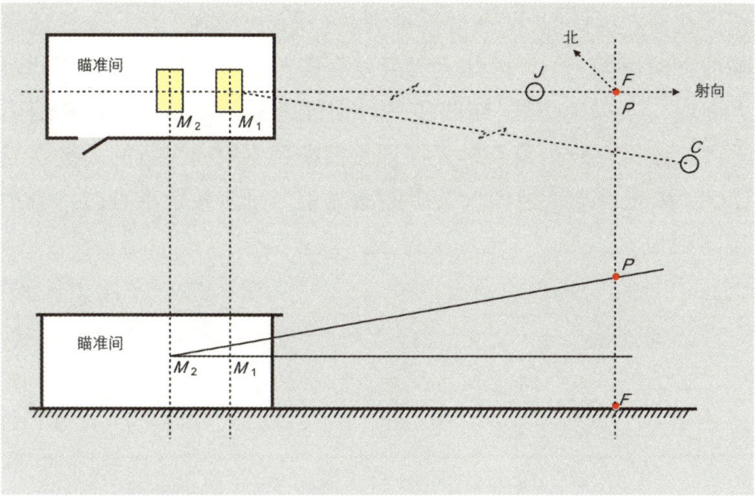

图 5－13 瞄准时的光路示意图

F—发射点；
J—基准点；
P—平台棱镜；
M_1—瞄准点 1；
M_2—瞄准点 2；
C—检测点

火箭瞄准采用半自动激光光电瞄准。在火箭射向正后方 200 米处的瞄准点上设置 CCD 激光自准直经纬仪。目标点为火箭的惯性平台(准确瞄准部位为安装在平台上的棱镜)，火箭点火前要求瞄准器光线、平台棱镜和射向完全吻合(图 5－13)。

瞄准工作程序可以归纳为射向标定、粗瞄和精瞄。

射向标定。射向标定是利用基准点校准瞄准器自身是否准确的过程。好比枪手射击前需要校枪一样，要保证枪的准星是准确的。先在瞄准点上设置 CCD 激光自准直经纬仪，在基准点上设置标杆仪，再将 CCD 激光自准直经纬仪的光电轴准确对准标杆仪，使准直光管仰角为十几度，直至平台棱镜对准准直光管视场中心。

粗瞄。所谓粗瞄，简单理解就是大概瞄一下方位。粗瞄过程相对简单，实现箭体平台坐标系与发射坐标系的一致，即惯性平台的三个方向和发射坐标系三个方向基本吻合。粗瞄一般在火箭起竖吊装完成后实施，目的是保证火箭安装的方位基本合适，能够保证后续精瞄及火箭测试过程的模拟飞行工作。此时，平台处于机械锁定状态，用 CCD 激光自准直经纬仪对准平台棱镜。当平台棱镜方位与射向不一致时，转动发射平台，使平台棱镜返回光束进入经纬仪敏感区。

精瞄。粗瞄工作不能保证火箭精确入轨，要使火箭精确入轨，必须在射前(火箭加注推进剂状态)完成精瞄工作。如果地面瞄准方向偏差1′，火箭上天后就会偏差几百千米，正可谓“差之毫厘，谬以千里”。精瞄使平台惯性坐标系与发射坐标系精确重合，该过程较为复杂，是保证火箭按预定射向飞行的关键，当CCD激光自准直经纬仪发出的激光束与平台棱镜准直时，表示瞄准到位。

第六章

承载梦想的大脑中枢

—— 发射场组织指挥与通信系统

飞船、火箭以及航天员的进场，标志着载人航天发射实施阶段的工作全面启动。

如何协调各个系统、各个岗位、各项流程和各类人员的活动，如何处理各系统之间的关系和问题，需要一个高效的组织指挥与通信系统。

1．科学高效的决策指挥机制

由于载人航天工程涉及单位多、覆盖面广、科技含量高，因此，载人航天发射采用高规格的联合组织指挥形式，涉及发射的重大进程、关键节点、重要事项都要通过发射场区指挥部会议等形式进行商议、审定。

各系统的总指挥和总设计师（即系统两总）参加发射场区指挥部的工作，他们是发射场区指挥部的重要成员。

（1）发射场区指挥部的组织形式

发射场区指挥部隶属于载人航天工程总指挥部，负责部署发射任务，对任务实施过程中重大、跨系统的问题做出决策。

酒泉卫星发射中心是发射场区指挥部的指挥长单位，中心最高领导担任指挥部的指挥长，各系统联合组成发射场区指挥部。各系统进场后的工作计划，由发射场区指挥部统一指挥、调度。

（2）指挥部的协调运转机制

发射场建立联合组织指挥体系和发射场内部组织指挥体系。发射场联合组织指挥体系，以发射场区指挥部为核心，在总指挥部的领导下，全面负责发射任务的组织实施，部署任务进展计划，决策处理任务实施过程中的重大问题。

发射场区指挥部下设质量控制组、测试发射协调组、技术

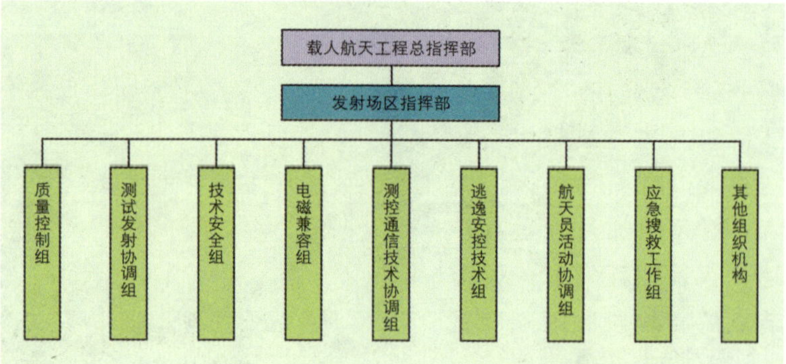

图6−1 发射场区指挥部组织机构示意图

安全组、电磁兼容组、测控通信技术协调组、逃逸安控技术组、航天员活动协调组、应急搜救工作组等临时组织机构（图6－1）。在发射场区指挥部的统一领导下，各机构按照职责分工独立开展工作，保证发射任务有序、高效运转。

质量控制组在指挥部的领导下，负责产品及发射场测发系统地面设施设备的质量控制、安全把关及重大技术问题的研究处理工作；测试发射协调组在质量控制组的指导下，负责产品测试发射过程中的工作安排、计划协调、操作把关和试验现场管理，研究制定技术方案，协调处理一般性技术问题；技术安全组在测试发射协调组的指导下，负责检查、指导、督促任务各系统的技术安全工作；电磁兼容组负责电磁环境监测和电磁兼容问题的协调工作；测控通信技术协调组负责测控通信系统的技术管理、技术协调、技术安全、质量把关，研究制定技术方案，解决技术问题；航天员活动协调组负责与航天员系统之间的沟通，掌握航天员上天前的选拔、准备情况；逃逸安控技术组、新闻工作组、应急搜救工作组等其他机构，在指挥部的统一领导下，各负其责。

发射场内部组织指挥体系，采用发射场、部站、分系统三级组织指挥体制。主要由发射场各部门对各测试、操作岗位和技术保障资源进行统一指挥。

（3）指挥部的决策机制

载人航天发射既要有高度集中的决策指挥机制，又要发扬技术民主，符合科学规律。我国从神舟1号到神舟7号，逐步形成了集体决策与独立决策相结合的决策机制。

对飞船加注、垂直转运、火箭加注发射等关键节点的转阶段决策，以召

图6－2　发射前的决策

> 知识链接
>
> **违反科学规律，造成重大伤亡**
>
> 1960年10月24日，苏联准备发射第一个火星探测器。当运载火箭点火发射时，发动机未能正常点火。安全规则规定，遇此情况，必须泄出全部推进剂后，才能靠近火箭检查和排除故障。但当时苏共总书记赫鲁晓夫正在纽约参加联合国大会，他要求一定要在这一段时间内发射成功，以使苏联成为第一个向火星发射探测器的国家。为此，战略火箭部队司令涅杰林元帅决定立即进入现场查明故障，他率领高级将领和上百名火箭专家及高级工程师，一起来到发射台上，在已经加注了推进剂的火箭旁对火箭系统进行检修，导致火箭在发射台上爆炸，现场160多人遇难，酿成苏联航天史上最为惨痛的事故。

开指挥部会议的形式，实行集体决策，并报总指挥部批准实施。对重大质量问题，建立专家决策咨询机制，在专家充分论证的基础上，以指挥部工作会等形式，召集发射场区指挥部成员进一步研究，形成最终决策（图6－2）。

2．远距离测试发射控制方式

载人航天是高科技、高风险的活动。虽然每个系统都严格按照质量控制程序进行风险控制，对每一个重大状态转换节点都实行层层负责制，发射前针对每一个可能出现的意外情况，都制定了相应的应急处理措施。但是，再严密的防范措施、再精确的测试试验，仍然无法完全避免意外情况的发生。因此，航天科技人员总是在不停探索和总结经验的基础上，尽可能降低风险，提高成功概率。

人的安全是第一位的。测试发射中的每一次意外，都意味着巨大的风险和影响，都可能危及工作人员的生命安全。随着计算机技术、信息技术和自动化技术的发展，利用各种远程控制手段和设备，使操作人员尽量远离高风险的现场，已经成为世界各国发射场规避风险的主要手段之一。

我国载人航天的“三垂一远”模式中的“一远”，指的就是远距离测试发射控制。大部分指挥和操作人员，在距发射塔1.5公里的安全距离之外，通过垂直厂房和指挥控制中心内的计算机测发指挥监控系统，实现对推进剂加注、火箭发射的自动化检测和关键部位的监测监控，既提高了测试发射的可靠性，又降低了现场操作人员的风险。

（1）加注远距离控制系统

加注系统是发射场重要的组成部分，主要完成火箭推进剂的加注任务。火箭推进剂是有毒、易燃、易爆和强腐蚀的物质，加注系统的技术状态关系到发射任务的成败，轻则影响任务的顺利进行，重则造成箭毁人亡。加注作为一个危险性较高的工种，要求减少操作人员、指挥操作岗位尽量后撤，以降低各种危险。载人航天工程要求最大限度地减少火箭和飞船在发射区的停留时间，推进剂加注一般在临射前24小时内进行。此时，火箭、飞船以及其他系统均已处于待命状态，这就需要加注系统在最短的时间内准确、安全、可靠地完成推进剂的加注任务。远距离加注控制可以提高管理、指挥和控制的效率。随着科学技术的发展，在加注系统引入网络技术、冗余技术、可编程控制技术和多媒体计算机技术，也为实现远距离加注控制提供了技术保障。

加注远距离控制系统是一个集散式系统，主要包括中控系统、燃料加注控制系统、氧化剂加注控制系统、C^3I（Command，Control，Communication and Intelligence，简称C^3I，又称测试发射指挥监控系统）接口系统等子系统，由工业局域控制网L2网连接成一个整体。中控系统主要完成指挥、管理、监测、故障诊断等功能；前控级（燃料加注控制系统、氧化剂加注控制系统）分别完成各子系统的过程控制、自动保护、数据采集和传输等功能。整个系统在中控系统指挥下完成正式加注、模拟加注、气电联试、紧急放气、紧急停车等主要工序的远距离控制，在本地工控机控制下完成其他加注工序的本地控制任务。图6－3为加注远距离控制系统示意图。

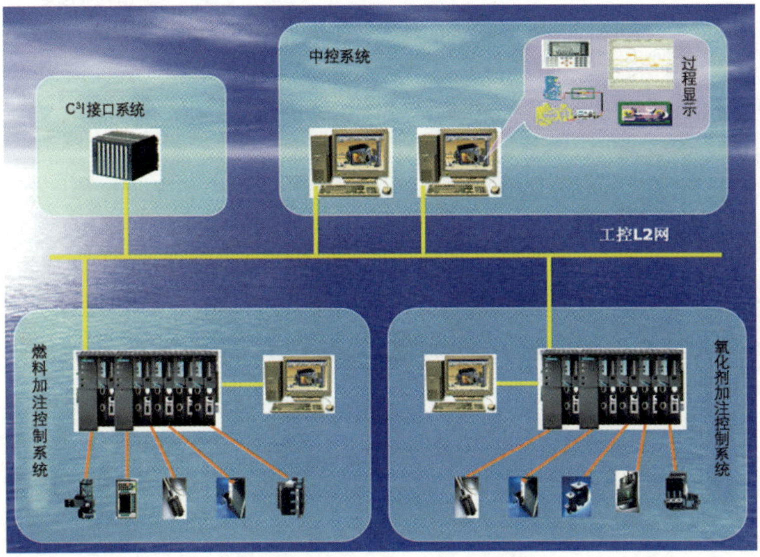

图6－3 加注远距离控制系统示意图

（2）消防、摆杆远距离控制系统

发射前，发射塔上的工作人员将分批撤离至安全区域。人员全部撤离后，发射塔将处于无人值守状态。而此时，火箭、飞船与地面的供气、液路、电路还通过电缆摆杆相连（这些接头在发射前 1 分钟左右脱落，摆杆旋转离开火箭周围）。另外，火箭起飞后，需要对发射台及时喷水消防，对这些设备的控制，都是由位于远距离测发楼的地面勤务工作人员，通过消防、摆杆远距离控制系统加以实现的。

消防、摆杆远距离控制系统是发射场重要的控制设施，通过地勤远控台远距离控制发射塔摆杆、消防等地勤子系统设备，并监测各子系统的状态信息，将地勤远控系统的信息通过地勤网上传至 C^3I 系统，完成发射场地面设备的远控功能。

控制系统前端设备为布置于发射塔上的摆杆控制台、消防控制台。远控台是远控系统的核心设备，通过上位机、下位机、控制按键实现数据采集、显示、交换、存储、响应、指令发送等功能，完成对全系统各设备的监控。上位机采用工业控制计算机，下位机采用可编程控制器，两者均内置功能强大的监控软件。图 6－4 为消防、摆杆远距离控制系统示意图。

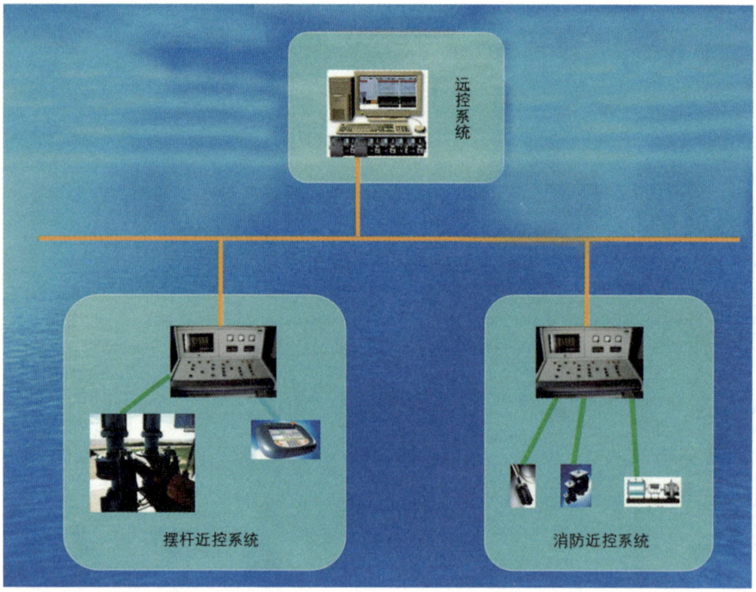

图 6－4 消防、摆杆远距离控制系统示意图

发射前 1 分钟，指挥员下达“摆杆摆开”指令，操作手按下控制柜上的按钮启动液压油泵，接着通过“摆杆摆开”按钮驱动电缆摆杆液压系统中的电磁阀和溢流阀工作，驱动电缆摆杆水平桁架摆开。

火箭起飞前，指挥员下达“消防启动”口令，操作手按下消防泵启动按钮，控制打开位于导流槽内的消防环管及发射台消防环管电磁阀，各消防环管开始喷水，对发射台和导流槽实施降温。

3．数字化测试发射指挥监控系统

载人航天发射任务需要运载火箭、载人飞船、航天员、发射场等各系统的共同参与和相互协调。各系统自成体系的信息网络，如发射场地面勤务监控网、火箭测试总体网、飞船测试总体网、气象自动化网、电视监视网，可以说是遍布发射场技术区和发射区的神经末稍，是进行信息采集和处理的单元。建设于航天发射场的测试发射指挥监控系统（即 C^3I 系统）则是测试发射任务的神经中枢，它负责汇集、处理、显示和利用上述各系统的数据或视频信息，为指挥员提供各类测试信息，辅助指挥员向各系统下达指令，当出现意外情况时，能为指挥员提供辅助决策信息。

（1）测试发射指挥监控系统的功能

测试发射指挥监控系统是载人航天发射场的重要组成部分，是指挥员及其指挥机构在测试发射各阶段对参与发射的人员和设备进行组织管理的指挥决策平台。图 6－5 为测试发射指挥监控系统结构图。

该系统以现代计算机及网络、通信和显示设备为核心，充分体现指挥、通信、控制、信息和计算机辅助决策的功能，通过采集、分析、处理、显示火箭及飞

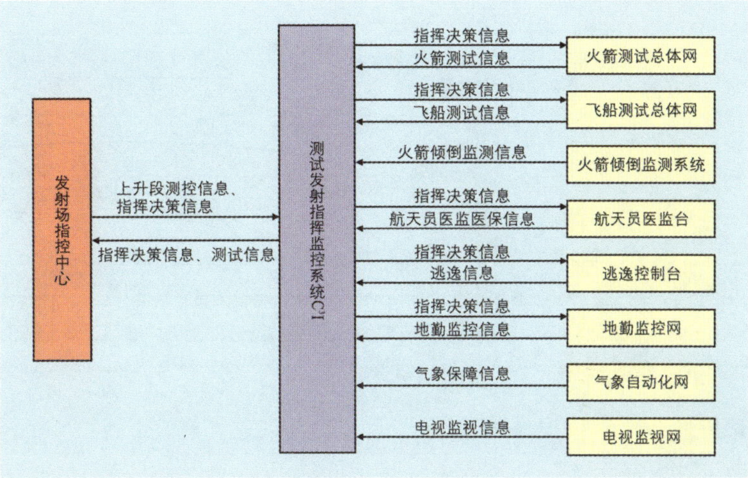

图 6－5　测试发射指挥监控系统结构图

船的测试数据和发射场地面勤务系统的监测数据，为指挥员和专家提供可靠的决策支持信息，为发射任务成功奠定基础。

测试发射指挥监控系统是为了满足载人航天工程需要而建立的，直接服务对象是各级指挥员及有关专家，是一套成系统、规模化、功能完备的适应远距离测试发射指挥模式的 C^3I 系统，参加了神舟 1 号到神舟 7 号的发射任务。该系统作为载人航天发射场的指挥保障系统，对上接收发射场指挥控制中心的指挥决策信息，对下发布指挥决策信息，并接收运载火箭、载人飞船、航天员、地面勤务等系统上传的测试发射工作进程和技术状态信息。

（2）测试发射指挥监控系统的组成

测试发射指挥监控系统由指挥显示分系统（简称指显分系统）、服务器分系统、接口分系统和地勤监测分系统等组成，其总体结构如图 6－6 所示。

指显分系统是 C^3I 系统的指挥、决策平台和人机界面，主要由网络交换机、测发指挥微机、信息显示微机、D／V 转换微机、显示单元等组成，运载火箭、载人飞船、空间应用、地勤监测、气象、电视监视等系统和分系统的所有信息都在这里汇集，并以文字、图形、图像等多种直观方式显示出来，为指挥员提供指挥保障手段，为专家提供信息服务，帮助指挥员和专

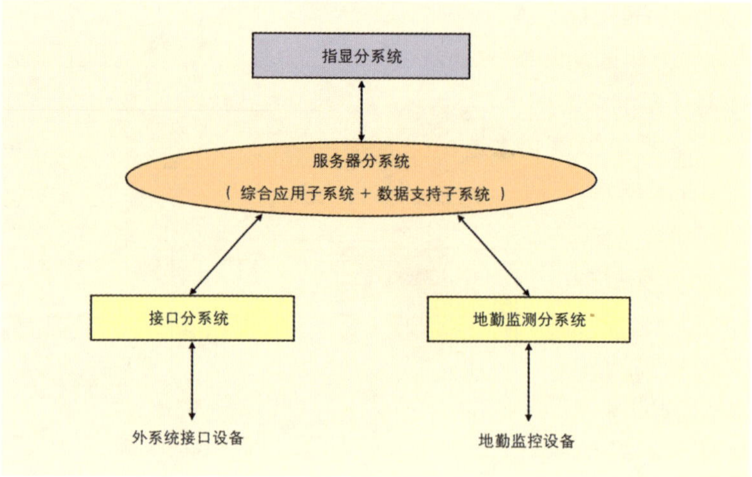

图 6－6 C^3I 系统总体结构示意图

家实施正确的指挥和决策。

服务器分系统根据所承担的功能不同，又分为综合应用子系统和数据支持子系统。其中综合应用子系统主要完成信息收发功能和综合信息处理功能。数据支持子系统主要完成配置功能、预处理功能、存储功能和共享功能。

接口分系统是系统的信息采集部分，包括网络交换机和多台接口计算机。主要通过与各外系统建立统一的物理接口标准和通用信息传输格式来完成 C^3I 系统与外系统的信息交换。

地勤监测分系统主要完成对地面勤务设备的监测管理任务，包括对加注及供气、供配电、塔勤、火灾、有毒有害气体、瞄准窗和门禁的监测、监视和信息处理。

（3）指挥关系和信息流程

正常测试发射过程中，载人航天发射场采用四级指挥体制。图 6－7 为正常测发指挥关系示意图。

在测发楼内设测发指挥调度台，对上接受发射场指挥控制中心调度台的指挥，对下指挥运载火箭、载人飞船、航天员、地勤及通信五个系统或分系统的调度台。其中火箭调度台负责指

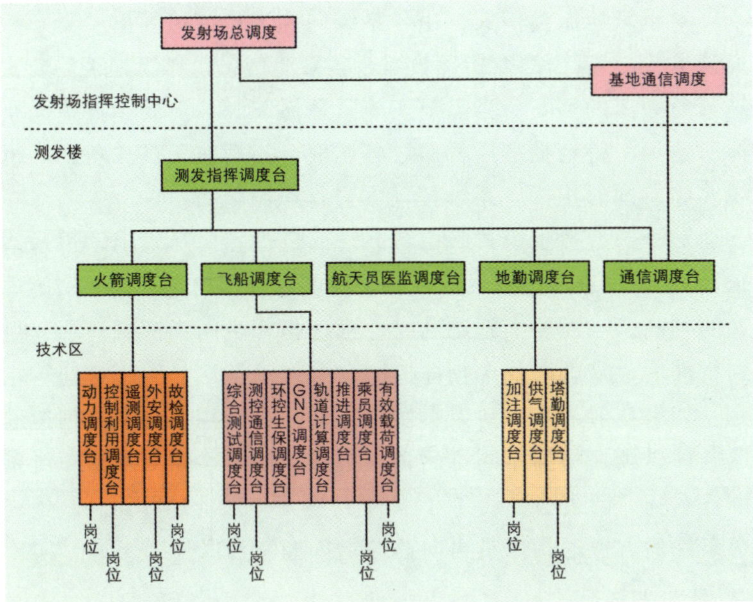

图 6－7 正常测发指挥关系示意图

挥火箭各分系统的调度台；飞船调度台负责指挥飞船各分系统的调度台；地勤调度台负责指挥地勤各分系统的调度台。通过这些调度台分别指挥所属系统的操作岗位。

在待发段，当出现危及航天员生命安全的紧急情况时，载人航天发射场采用三级指挥体制，以采取应急救生措施。图6－8为应急救生指挥关系示意图。

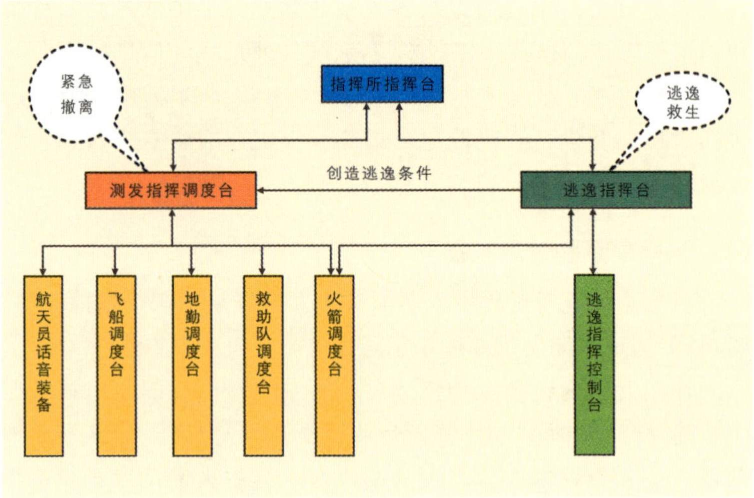

图6－8 应急救生指挥关系示意图

对于紧急撤离模式，由各系统向测发指挥员发出“紧急撤离请求”，然后由测发指挥员综合各系统信息，作出是否需要实施紧急撤离的判断。当需要实施紧急撤离时，测发指挥员向指挥所请示，得到批准后，通过各调度台指挥航天员和救助队组织实施，同时指挥各系统按预案进行应急处置。

对于逃逸救生模式，由各系统向逃逸指挥员发出“逃逸请求”，然后由逃逸指挥员综合各系统信息，作出是否需要实施逃逸的判断。当需要实施逃逸时，逃逸指挥员向指挥所请示，得到批准后，立即向逃逸指挥控制台操作手下达“实施逃逸”指令。如果在射前5分钟之前实施逃逸，由于需要各系统创造逃逸条件，则在指挥所同意后，由逃逸指挥员通知测发指挥员指挥各系统“创造逃逸条件”，如平台展开、摆杆摆开等。具备逃逸条件后，逃逸指挥员再向逃逸指挥控制台操作手下达“实施逃逸”的指令。

4. 场区信息高速路

载人航天发射场的技术区、发射区以及其他各个点位分散在不同的地理位置，有的相距数十公里，从飞船、火箭入场到组装、测试，直至发射的整个过程中，各个点位间需要进行大量的信息沟通，将丰富的信息及时传送给各级指挥员，甚至是远在北京的航天飞行控制中心，以便指挥员掌握火箭和航天员的状态，随时作出关键的指挥决策。

那么，发射场指挥控制中心怎样掌握发射场各个点位的状态？指挥员通过什么方式来获得信息、下达指令？各个点位的不同系统根据什么来统一行动？大量纷繁复杂的数据靠什么传输？这些都是由场区信息高速路——通信系统来完成的。

通信系统包括指挥通信分系统、时间统一分系统、视频监视分系统、天地通信分系统和数据传输分系统。发射场为各个系统建立了传输线路，这些线路好比人体的神经网络，发射场任何地方发生的任何事情，都能通过这张网络传输给发射场的大脑——指挥控制中心。

发射场通信传输网络（图 6－9）采取了光纤通信和卫星通信两种传输方式，在场区内以光纤通信为主，数据同时通过这

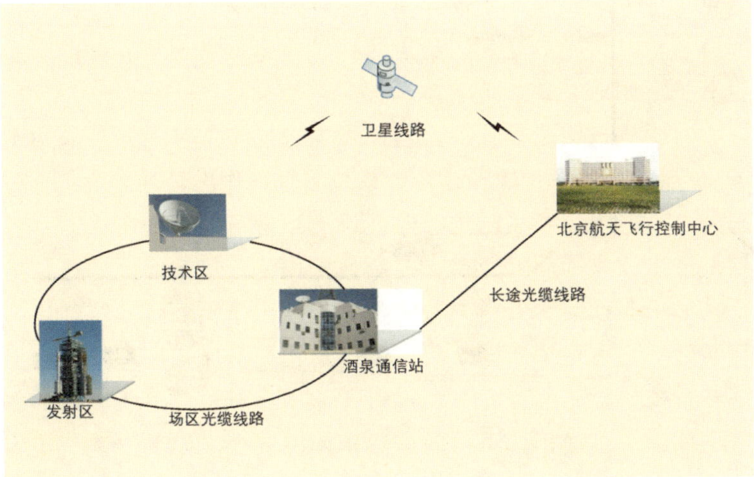

图 6－9　通信传输网络

两种线路传输，其中一种线路中断，不影响数据的正常接收。在光纤线路的设置上，采取了环形、链形和网格形等拓扑结构，即使其中一段线路出现问题，或者其中一个节点设备损坏，也不影响其他节点的正常通信，保证了信息传输的可靠性。主要点位之间的数字化光纤通信线路传输速率高达数千兆比特／秒，可同时传送上千路数字电话和几百路高清晰数字图像。

（1）指挥通信分系统

指挥通信分系统（图6－10）是指挥控制中心与各系统、各级指挥员之间相互联系的通道。

指挥通信分系统在发射任务执行过程中保障了命令下达、情况汇报、指挥协调的实施，将各级指挥员与各系统、系统内部、各种设备有机地联系在一起，确保组织指挥的集中统一。指挥控制中心的指挥员通过指挥通信分系统可以对各系统的指挥员进行点呼、组呼、群呼，通过语音和视频等方式进行高效沟通，快速、及时、准确地收集各系统信息，为指挥所提供科学的辅助决策信息。

图6–10 指挥通信分系统

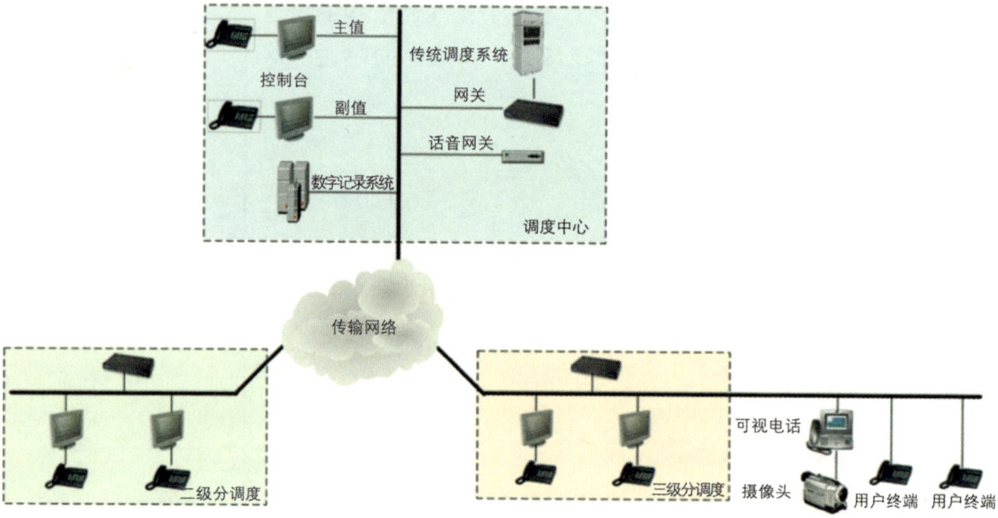

(2）时间统一分系统

指挥通信分系统解决了指挥员之间的协调统一，那么执行发射的各个系统又是靠什么来统一行动的呢？时间统一分系统就是用来解决这一问题的。

该分系统主要包括时间测量、时间保持、时间传递和时间应用四大部分，由标准化时码产生设备、发射绝对时T0形成与发送设备构成，它向测发、测控系统提供标准时间信号和标准频率信号，完成飞船起飞信号的形成与传输，并向指挥系统提供倒计时信息。

在发射进程中，指挥控制中心、各个操作岗位、多个测控站和测量点的设备都需要精确对时，才能确保所有设备都按照同一时间、统一进度进行工作。一般情况下，要求时间同步精度在微秒量级。那么，以谁的时间为准呢？这就需要一个发布标准时间的单位，它就是国家授时中心。

发射场通过时间统一分系统接收到标准时间信号后，通信系统将时间信号按照一定的格式约定进行编码，通过发射场高速传输信道向各个点位传送统一时间信息。时间统一的作用就是在航天发射中使所有设备都有同一个发射绝对时T0（北京时间），实现时间的绝对同步。这样记录下来的数据才会准确，不同记录设备、同一时刻记录下来的数据才能够相互比较，并通过分析处理这些数据来完成发射任务。起飞信号控制台是航天器起飞时，用来向发射场有关系统提供高精度起飞绝对时刻的数据信息设备。发射绝对时T0作为跟踪测量设备的起始时间标准以及数据处理的时间起点，在载人航天中的地位至关重要。时间统一分系统工作原理如图6－11所示。

图6－11 时间统一分系统工作原理图

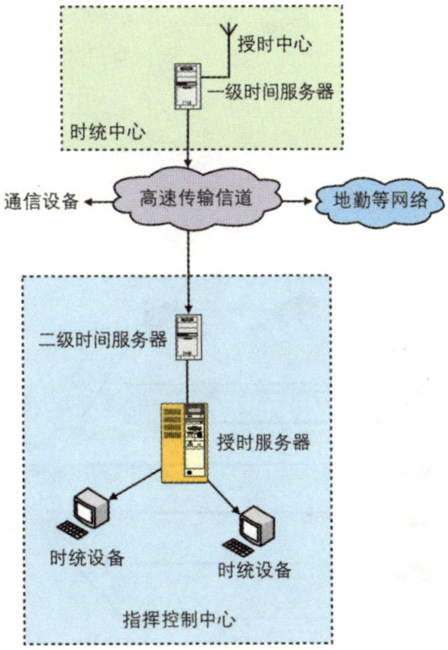

(3） 视频监视分系统

视频监视分系统提供对重要场所（如测发指挥大厅）、重点设备（如火箭和飞船的电缆脱插连接口）、有毒有污染区域（如推进剂加注库房等）的视频图像

知识链接

标准时间的来源

我们平常所说的北京时间，产生于国家授时中心（位于陕西天文台）。在授时中心有一组高精度铯原子钟，它的稳定度为10^{-14}，准确度为10^{-13}，也就是说，10万年的误差还不到1秒。授时中心将与国际原子时间比对过的标准时间以短波和长波两种方式发射出去，供全国各地的单位使用。短波授时台授时精度为千分之一秒，长波授时台授时精度为百万分之一秒。

监视功能。

视频监视分系统（图6－12）主要由摄像机、视频切换设备、视频传输设备、录像设备、监视器和传输线路组成。摄像机通过视频传输设备和视频切换设备将看到的情况实时、准确地传到各个系统的指挥室，通过监视器显示出来，供指挥员全面了解各个系统、各个部位的准备情况，甚至可以传到远在数千千米外的北京航天飞行控制中心。视频监视分系统在显示实时图像的同时，还可以通过录像设备将所有的图像资料存储起来，供发射后进行分析和检查。

视频监视系统的作用很大。飞船在技术区和发射区进行测试检查，其主要技术参数，都可以在视频监视器上显示出来。在航天员进舱过程中，地面指挥人员可以通过视频监视系统，了解他们在干什么，通过对他们的表情观察，可以分析他们的心理状态。作为图像信息，全国甚至全世界都能看到航天员在发射场的活动。

图6－12 视频监视分系统

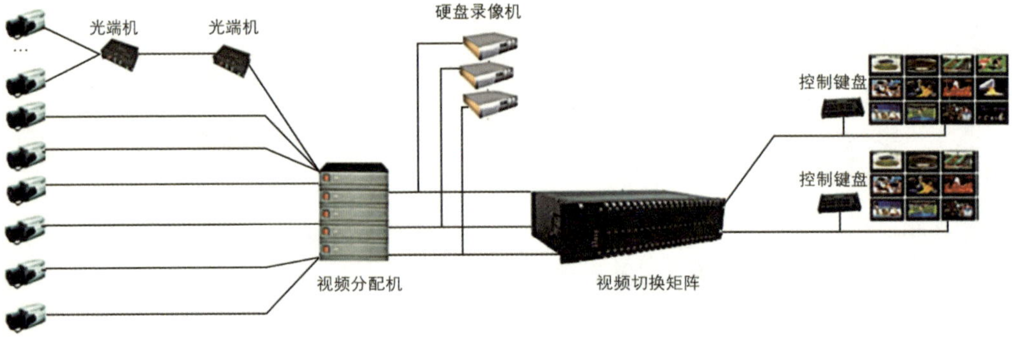

(4) 天地通信分系统

当飞船矗立在发射塔上时，地面需要了解飞船是否正常；当航天员进舱后，地面也需要了解他们的身体状况如何；在发射及起飞过程中一旦出现意外，地面还需要及时向航天员发出逃逸指令。这些，都要靠天地通信分系统来实现。

天地通信分系统主要由多功能统一S波段系统（USB）和超短波通信系统（VHF）两种无线收发设备组成。其工作原理是将各种信息先分别调制在不同频率的副载波上，然后共同调制到一个载波上发出；在接收端先对载波解调，然后用不同频率的滤波器将各副载波分开，解调各副载信号得到原始信息。这样，在地面和飞船上只要各有一套发射机和天线系统，就能够收发各系统的信号了。

飞船表面装有各类通信系统天线，当飞船在外层空间飞行时，这些天线与中继卫星、海上测控船以及地面测控天线进行通信，将飞船状态和航天员信息传送回地面指挥控制中心，同时接收指挥控制中心的各种指令。而在发射场，场区的各个系统也是通过飞船的这些天线来掌握飞船状态的。发射塔以及技术区测试设备上不同位置安装的小天线，便是发射场天地通信分系统的关键一环，它们起到了与测控站天线相同的作用。

箭船组合体转运到发射区后，一般还需要经过一段时间的测试和准备，位于技术区的测试人员需要对飞船进行测试，随时掌握飞船的状态。对此，天地通信分系统在技术区、发射区和北京航天飞行控制中心之间构成了天地通信大回路，通过技术区的USB地面测试设备、发射场的光纤通信线路，以及发射塔上各系统的小天线与飞船建立通信联络，并通过发射场地面光纤通信线路或者卫星通信线路，将这些信息传送到发射场指挥控制中心和北京航天飞行控制中心。因此，远在千里之外的指挥员也能及时了解飞船在发射场的情况。

(5) 数据传输分系统

载人航天工程各系统间需要传递大量的数据和信息，负责

知识链接

可靠的通信系统成功挽救航天员生命

1983年9月27日，苏联联盟T10A飞船发射时，在火箭起飞前约90秒，火箭燃料泄漏并引起大火，烧断了地面通向飞船的电缆。发射安全员紧急启动备用的无线电系统，发出逃逸控制指令，使航天员在火箭爆炸前6秒成功逃逸。

收集这些信息并在系统间进行传送的，就是数据传输分系统。

数据传输分系统的任务是实时传输各参试系统的数据信息。它有多种传输方式，为了保证传输的可靠性，重要系统都有专用的高、中、低速数据传输系统，例如，速率较低的卫星信道，速率较高的发射场光纤信道等。采用数字复接技术，可以将多种低速数据流组合成较高的数据流进行传输。

在传输过程中，不同系统的数据量大小不一，如低速的语音和高速的图像数据等，它们就好比大大小小不同的“货物”，通过不同的通信编码组合方式将这些“货物”变成大小相等、颜色不同的“包裹”，最后通过光纤这条“信息高速路”把它们送到需要的地方去。

第七章

飞向太空的加油站
—— 发射场加注供气系统

运载火箭冲天而起，直刺苍穹，将神舟号飞船送入太空，需要数百吨的推进剂。

加注供气系统就是为运载火箭加注推进剂，并为火箭、飞船、航天员提供空气、氮气、高纯氮气和高纯氧气的系统，被形象地称为“飞向太空的加油站”。

1. 运载火箭的推进剂

飞机在空中飞行，需要燃料驱动。火箭要飞向太空，同样也离不开燃料。飞机飞行在富含氧气的大气层中，氧气就是天然的氧化剂。火箭要飞出稠密大气层，到达大气稀薄的太空，那里几乎没有氧气，因此，火箭除了携带燃料外，还需要携带氧化剂。只有氧化剂和燃料按一定的比例混合，才能燃烧并产生巨大的能量，将火箭送入太空。

推进剂根据其形态可分为固体推进剂和液体推进剂。

由于液体推进剂的能量高，推力容易调节控制，能够重复关机和再次启动，因此，液体推进剂被广泛应用于发射航天器的运载火箭。

液体推进剂分为单组元推进剂和双组元推进剂。单组元推进剂是指含有一种组分，通过催化剂进行分解或燃烧来产生推力，常用的有过氧化氢、无水肼和硝酸异丙酯等。双组元推进剂含有两种组分——燃料和氧化剂，它们通过化学反应产生能量来驱动火箭飞行，目前常用的燃料有偏二甲肼、无水肼、液氢、航天煤油和混胺等，常用的氧化剂有四氧化二氮、发烟硝酸、液氧等。

运载火箭使用的推进剂要满足以下条件。

首先，推进剂的热力性能要好——要有高的热值和比冲，比冲是衡量火箭发动机推进剂能量高低的一个重要指标，定义为发动机每秒消耗单位质量推进剂产生的推力。

其次，推进剂要适应火箭发动机的工作。推进剂在火箭发动机内燃烧十分剧烈，产生的燃气温度超过3 000℃，因此需要推进剂的一个组元具有冷却剂的功能，要求它的沸点高，同时汽化热、比热和导热系数都要大。另外对黏度、密度和燃烧性能也有相应的要求。

第三，推进剂要便于贮存、运输与处理。这就要求着火爆炸的危险性小，与材料的相容性好，同时毒性要小，生产成本低，材料来源广泛。

我国的航天事业起始于 20 世纪 50 年代，最初使用液氧和酒精组成的双组元液体推进剂，后来使用过发烟硝酸和偏二甲肼。长征系列运载火箭普遍采用性能更为优良的四氧化二氮和偏二甲肼，发射神舟号飞船的长征 2F 运载火箭使用的正是这种双组元推进剂。

2. 推进剂的加注

推进剂加注系统是向运载火箭加注液体推进剂的各种设施和设备的统称，是航天发射场地面系统的一个重要组成部分。图 7－1 为推进剂加注控制间。

加注工作在火箭临射之前进行。运载火箭在发射塔停留的时间越短，外界特别是不良气象条件对发射工作的干扰和影响就越小，因此，安全、可靠、快速、精确地加注，是推进剂加注系统的核心任务。

（1）推进剂加注设备

推进剂的加注可不像常人想象的“直接灌入”那么简单，而是需要大量专业设备，安全、可靠、快速、精确地从贮罐中抽取推进剂并将其输送到火箭的各个贮箱。加注设备包括加注泵、流量计、电动调节阀、隔断阀、止回阀、压力表、过滤器、加注管路、配气台、气电活门箱等。

图 7–1 推进剂加注控制间

加注泵——推进剂加注的动力源，用于给推进剂增压。航天发射场的加注泵是屏蔽泵，这种泵在运行中能做到无泄漏，适于输送易燃、易

图 7–2 氧化剂加注泵

爆、有毒和腐蚀性的液体。图 7 – 2 为氧化剂加注泵。

流量计——用于计量推进剂的加注量。加注系统的流量计有两个功能，一是指示瞬时加注流量，二是累积加注量。

电动调节阀——用于调节推进剂流量大小。调节阀接受控制仪表送来的信号，以电动机为动力，调整阀芯开度，改变流道截面积，从而达到调节流量的目的。

隔断阀——用于控制加注管路的通断。常用的隔断阀有球阀、截止阀。

止回阀——装在加注泵的管路出口上，防止推进剂倒流。

压力表——用于显示加注管路中某些位置推进剂的压力，装在加注管路需要监测的各个监测点。

过滤器——用于清除推进剂的机械杂质，装在加注管路上，一般设在加注泵出口和火箭贮箱入口处。

加注管路——推进剂流动的通道。加注管路均用与推进剂相容的材料制造，分为两种，一种是固定管，从贮罐一直到发射塔上用的都是固定管。另一种是活动管，即软管，从发射塔上的固定管到火箭贮箱的管路是金属软管。

供气系统——用于给贮存推进剂的贮罐增压。液体推进剂的沸点较低，容易挥发，给贮罐增压可以减少推进剂挥发，并且可以为加注泵提供一定的入口压力。

（2）推进剂加注方式

通过加注泵或气体挤压方式将推进剂由贮罐输送到火箭贮箱的过程即加注。推进剂加注有多种方式，按加注设备特征可分为固定式和机动式，按加注动力源可分为泵压式和挤压式，按贮箱排气方式又可分为开式和闭式。其分类如图 7－3 所示。

固定式——在建设发射场时已将推进剂贮罐和加注设备全部敷设好，适用于推进剂加注量较大的航天发射。世界上大多数发射场都采用固定式，我国载人航天发射场也是固定式加注。

机动式——推进剂贮罐和加注设备安装在加注车上，适用于加注量较小的航天发射，常见的是小加注量的低温推进剂加注。

泵压式——推进剂的加注动力来源于加注泵。液体推进剂从贮罐里流出进入加注泵，经泵增压后进入加注管路，再经过部分仪表和阀门，按照事先设计好的程序加注到火箭推进剂贮箱内，大部分常规推进剂和部分低温推进剂（如液氧）都采用这种加注形式。

挤压式——利用贮罐增压将液体推进剂挤入加注管路，再经过仪表和阀门调节，最后加注到火箭贮箱内。挤压式加注流程比较简单，流量调节也比较容易，但需要贮罐承受压力，适用于加注量较小的推进剂加注。增压气源可以是低温推进剂本身的汽化成分，也可以是比推进剂沸点更低的气体，如氦气和氮气等。

闭式与开式——是指火箭贮箱的排气状态。推进剂多为低沸点液体，其蒸气为易燃、易爆、有毒气体，大部分发射场均

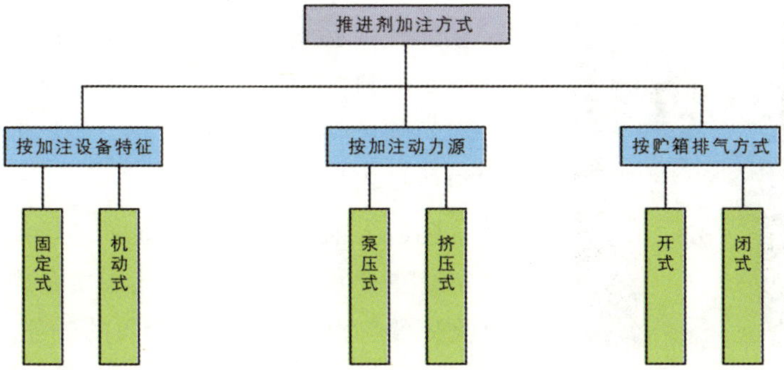

图 7－3 推进剂加注方式

采用闭式加注系统，贮箱内挥发的气体再经管路送回贮罐。部分挥发性小、毒性不大的推进剂，也存在开式加注的可能，如酒精和航天煤油等。

(3) 推进剂加注过程

加注系统主要由贮罐、加注泵、流量计、阀门和加注管路等组成，可以完成各级贮箱推进剂的加注、泄回、软管抽吸及管路放空等工作。

在加注过程中，加注泵抽吸贮罐中的推进剂，经阀门和流量计向火箭贮箱加注，各阶段的加注速度通过电动调节阀进行调节。

火箭每个贮箱由低到高分别设有4个液位灯：Ⅰ、Ⅱ、Ⅲ、Ⅳ，另外在加注连接器和溢出连接器上各设液位灯1个，分别显示贮箱开始进液（即0液位）的信号和贮箱溢出的信号。

加注过程一般可分为以下几个阶段：准备加注→开始加注→填充加注管路→推进剂开始进贮箱（0液位灯亮）→初速加注→大流量加注→减速加注→Ⅰ液位灯亮→小流量加注→Ⅱ液位灯亮→地面定量补加→加注结束（一般情况下，Ⅲ、Ⅳ液位灯不亮）。

3. 推进剂的化验、贮存与运输

(1) 推进剂的化验

图7-4 推进剂纯度化验

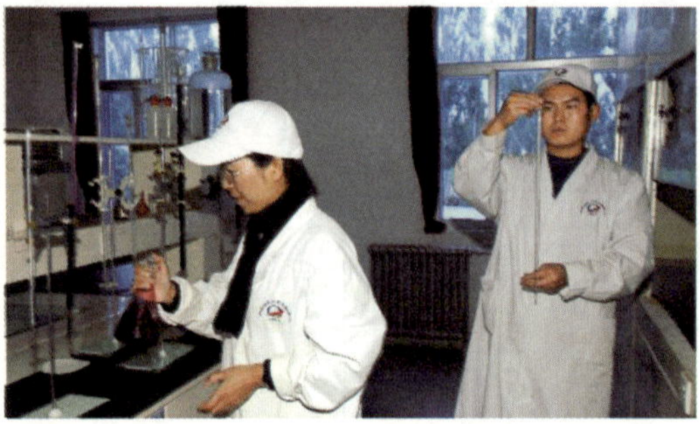

航天发射对推进剂的要求极高，为确保推进剂符合发射需求，在加注前必须对推进剂进行品质化验。化验的目的主要有两个，一是保证推进剂的纯度符合发射要求；二是保证推进剂各项指标符合标准。

我国载人航天发射场建立了专门的化验室，主要承担推进剂和气源质量跟踪化验和参与相关工艺设备验收的任务。

图 7 – 4 为化验人员正在对推进剂的纯度进行化验。

(2) 推进剂的贮存

火箭及飞船的推进剂由特种燃料库房贮存管理。特种燃料库房要确保推进剂安全贮存、不变质，确保加注、转注过程安全顺利，确保推进剂满足发射任务用量，确保贮存环境不受严重污染。

图 7–5 推进剂贮罐

推进剂贮罐（图 7–5）要用与推进剂相容的材料来制造。氧化剂贮罐区和燃料贮罐区的位置应结合发射塔的位置统一设计，避开导流槽燃气出口方向和火箭主要射向，布置在发射塔安全距离以外的两侧或一侧。贮罐区之间、贮罐区至发射塔中心的安全距离应按照设计规范计算确定。

(3) 推进剂的运输

推进剂运输分为近距离运输和远距离运输，近距离运输用汽车槽车，远距离运输用火车槽车或汽车槽车。

火车槽车——火车槽车安装在火车底盘上。槽车设有与推进剂相容材料制成的罐体，一般为圆柱形，低温槽车还设有真空缠绕绝热层。为了运输安全，还设有指示仪表、安全阀门和气体保护措施。

汽车槽车——汽车槽车可以是安装在汽车底盘上的行走式槽车，也可以是装在拖车上，由牵引车拖动运输的槽车。汽车槽车与火车槽车的罐体基本相同，有部分槽车还附有加注功能。

4. 发射场特种用气与保障

(1) 发射场的用气需求

在航天发射过程中，需要使用大量的气体。如火箭、飞船推进剂贮箱的气密性检查、置换、增压，主要使用压缩空气和氮气；火箭、飞船气瓶的气密性检查、置换、充气，主要使用压缩空气和氮气；火箭伺服机构蓄压器充气和气浮平台供气，主要使用氮气和压缩空气；火箭、飞船阀门和连接器检查及控制用气，主要使用压缩空气和氮气；推进剂贮罐的置换、增压使用氮气；加注系统阀门的控制、发射台的操作、电缆摆杆的强制脱落、消防和导流槽冷却系统阀门的启动使用压缩空气。

为了保证飞船上航天员的生存环境，载人航天发射场增加了特种用气的保障供应。飞船的环控生保分系统需要使用高纯氮气和高纯氧气；飞船热控、推进分系统管路的吹除、置换，均需要使用高纯氮气。

（2）发射场的供配气系统

发射场的供配气系统一般由气瓶库、输配气管网和供气车载设备组成。

气瓶库（图7-6）是接收、贮存、配送高压气体的场所，一般由气瓶间、配气间组成。气瓶间用于贮存气体，配气间用于接收和配送气体。

输配气管网是以气瓶库的配气台为中心至各充瓶、贮气、

图7-6　气瓶库

用气设备之间的管路及设备的统称。它的主要功能是输送高压气体，并把高压气体减压到所需要的压力供给用气设备使用。一般由各建筑内的配气台、配气箱、高压电动气活门箱、低压电动气活门箱、固定管路、金属软管和阀门、接头等组成。

供气车载设备是把供气系统的部分设备安装在汽车底盘上，构成一套可移动的供气组合设备。供气车载设备主要包括液氮加注车、液氮高压汽化车、液氧高压汽化车和高压氦气瓶车。

5．废气、废水的产生和治理

（1）废气的产生和治理

目前，我国长征系列运载火箭使用的推进剂是四氧化二氮和偏二甲肼，四氧化二氮是强氧化剂，偏二甲肼是燃料，二者在火箭点火的瞬间发生化学反应，产生巨大能量，推动火箭起飞，将飞船送入太空。

这种常规液体推进剂生产成本低，便于贮存和使用，但是毒性大，无论是生产环节，还是使用环节，对环境的污染都是不可忽视的。

火箭发射前，推进剂是通过高扬程加注泵输送到火箭贮箱内的，为保证加注泵的正常运行，需要对推进剂贮罐进行增压，以提高加注泵的入口压力，防止加注泵发生气蚀。加注完毕后，贮罐要降至常规贮存压力，在泄压过程中，会产生大量气体，这些气体即为废气。

四氧化二氮泄压过程产生的废气是二氧化氮，其颜色为红褐色，具有毒性大、腐蚀性强、易汽化等特点。如果通过烟囱直接排放，将是红烟滚滚，会对周边大气造成很大污染。这些氮氧化物容易形成酸雨，降到地面后污染土壤和地下水。偏二甲肼泄压过程产生的废气是无色有鱼腥味的气体，属于有机废气，在太阳光照射下，会发生光解。如果光解不彻底，将会产生毒性更大的致癌物质二甲基二硝胺，给工作人员身体健康造成危害。所以，推进剂废气必须处理达标后才能排放。

知识链接

气蚀

推进剂高速流经泵时，压力降低，当压力低于当前温度下推进剂的饱和蒸气压时，推进剂将出现局部蒸发，产生并从液体中分离出气泡，这些气泡在进入高压区时会因受压而破裂，造成液体急速充填空间而形成冲击，因而对泵叶片表面产生破坏作用。这种现象称为气蚀。

图 7－7　煤油燃烧炉

推进剂废气处理方法有高空排放法、液体吸收法、燃烧法等。由于推进剂具有一定的热值，经燃烧处理后污染物降解得更彻底。载人航天发射场将煤油燃烧技术应用到火箭推进剂废气处理领域，把推进剂废气引入煤油燃烧炉（图 7－7）进行高温燃烧分解。

四氧化二氮废气具有强氧化性，进入高温炉膛与助燃燃料航空煤油发生燃烧反应，生成无害的二氧化碳、氮气和水，从而消除四氧化二氮废气对环境的污染，该系统处理效率高，效果好，处理后尾气中的有害成分低于国家规定的排放标准，达到无毒排放，消除了长期困扰航天发射场的“红色长龙”。

同样，偏二甲肼废气也采用燃烧法处理。柴油（或煤油）经雾化与空气中的氧气燃烧提高炉温，偏二甲肼废气与空气中的氧气发生反应或在高温下分解，主要生成无害的二氧化碳、氮气和水，从而消除偏二甲肼废气对环境的污染。

（2）废水的产生和治理

在执行发射任务过程中，不可避免地会有一些推进剂进入水体，形成推进剂废水。

推进剂进入水体的途径主要有四种：一是化验过程。在推进剂使用前，需要进行多次化验。在化验过程中，会用到蒸馏水和其他一些化学试剂，化验结束后作为推进剂废水排放至废水罐，虽然水量较小，但浓度较高。二是加注过程。加注时用高压泵将推进剂加注到火箭贮箱，加注结束后，加注软管的管壁上会粘附少量的推进剂，用水冲洗软管，会产生推进剂废水。三是发射过程。发射前，导流槽内会喷洒大量的水，以起到缓冲、降温和降噪作用，同时吸收发射燃气中未燃烧完全的推进剂。发射时，火箭周围的消防喷管也会喷洒大量的水，给发射塔降温，同时吸收燃气中未燃烧完全的推进剂。四是冲洗过程。在推进剂槽车、贮罐和库房地面冲洗过程中均会产生推进剂废水。

推进剂废水化学组分中的偏二甲肼和四氧化二氮都是毒性物质，同时其不完全燃烧时产生的高温燃烧产物成分复杂，毒性很大，对环境、农作物、地下水源和当地居民均会造成较大危害。

推进剂废水处理的基本原理是氧化处理，可以采用的氧化剂种类很多，但在实际工程中，主要使用以下三种方法。

1）自然氧化法。利用空气中的氧气，通过合理的反应池构造，使废水和空气接触，在光照作用下，缓慢氧化废水中的各种还原性物质。用自然氧化法处理偏二甲肼污水，首先应具备光照条件，同时还应使污水能够充分溶解空气中的氧。碱性（pH = 8 ~9）偏二甲肼污水在阳光的照射和空气的自然氧化作用下，经过半年左右的时间，可以达到排放标准。若在污水中加入二价铜离子作催化剂，自然氧化周期可缩短至两个月左右。自然氧化法工艺流程如图 7－8 所示。

自然氧化法方法简单、投资少、运行费用低，但其处理时间长，需要适合的气候条件且部分中间产物难以氧化达标。

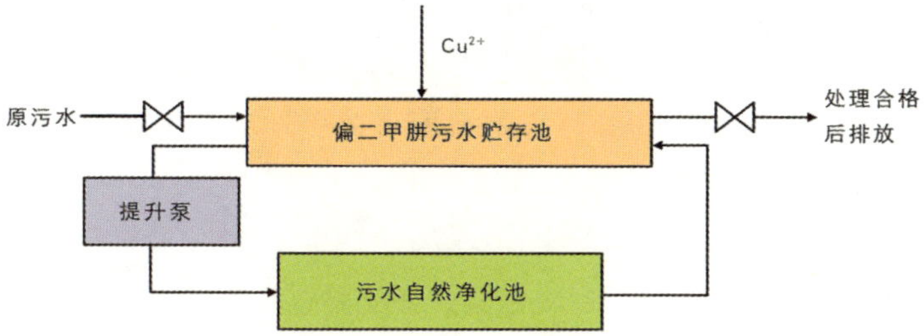

图 7–8 自然氧化法工艺流程

2）氯化氧化法。利用氯气或氯制剂作为氧化剂处理推进剂废水的方法在工程中也有应用。氯制剂主要有漂白粉、次氯酸钠和二氧化氯，二氧化氯应用较多。在用氯化氧化法处理推进剂废水的过程中，投加硫酸铜作为催化剂，二氧化氯由亚氯酸钠与盐酸反应产生。处理原理是根据污水中偏二甲肼的原始浓度，计算反应所需的二氧化氯量，再由二氧化氯反算出亚氯酸钠和盐酸的需要量，根据计算结果按比例投放。反应完成后化验废水中偏二甲肼、甲醛含量和pH值，合格后排放。否则，继续投放二氧化氯进行处理，直至合格。

氯化氧化法处理效果好，但存在着自动化程度低、处理时间长、亚氯酸钠和盐酸溶液配比不协调、酸碱中和反应不易控制等问题。

3）臭氧氧化法。臭氧氧化法的原理是：利用臭氧发生器，产生高浓度的臭氧活性气体，通过特定的氧化塔，在紫外线和活性炭作为催化剂的条件下，使推进剂废水和臭氧发生反应，使偏二甲肼等物质氧化分解。图7－9为光催化臭氧氧化法工艺流程。

臭氧氧化法处理效果好，但投资较大，如果氧化条件控制不妥，会带来二次污染。

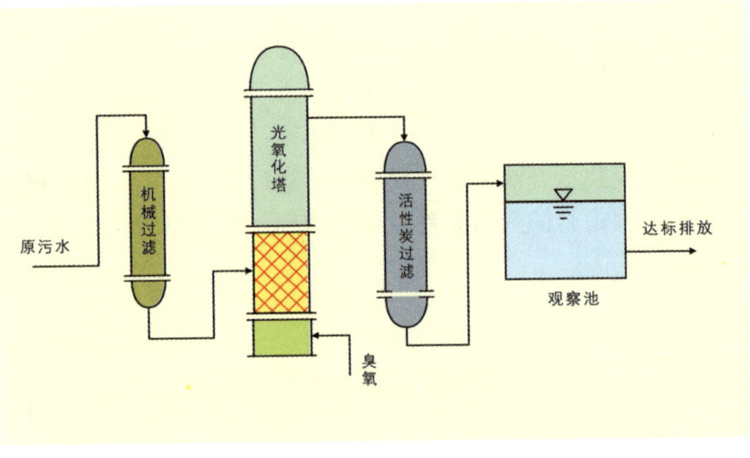

图7－9 光催化臭氧氧化法工艺流程

第八章

拱卫航天的保护神

—— 发射场技术勤务系统

火箭发射，离不开技术勤务系统的支持。先知先觉的气象预报系统、精细严密的计量系统、稳妥可靠的供配电与接地系统、防患于未然的消防报警系统、精确定位的大地测量系统……它们为火箭发射提供支持，为飞船升空保驾护航。

1. 气象预报系统

（1）天气因素与发射成败密切相关

火箭和飞船在测试过程中，发射场提供了相对良好的环境保证。技术区的垂直厂房和发射区的发射塔封闭平台，为火箭和飞船提供了可以遮风蔽雨的“保护伞”。但是，有两个环节火箭和飞船失去了保护屏障，直接暴露于外部环境中。其一，是箭船组合体由技术区向发射区的转运过程，大约2个小时；其二，是发射前从封闭平台全部打开直至点火发射的时间段，大约45分钟。在这两个环节，火箭和飞船最容易受到天气因素的影响。

在发射过程中，火箭要在短短的几分钟穿越几十千米的大气层，迎接不同高度上急剧变化的温度、云量、风速和风向的挑战。天气因素对火箭上升段的影响极大。

为了最大程度地防止天气原因对航天发射造成不良影响，确保发射阶段有一个适宜的天气状况，各国航天发射场无一例外地都建有配套的气象预报系统，利用各种技术“观云测雨探天路”。没有准确的天气预报，就难以保证发射成功。

（2）天气因素如何影响航天发射

1）浅层风对箭船组合体垂直转运安全的影响。转运，是指把60多米高的长征2F运载火箭与神舟号飞船组成的箭船组合体从技术区运输到发射区的过程。这个阶段对箭船组合体影响最大的是距地面80米以下的浅层风，因为转运时飞船已经加注推进剂，而火箭尚未加注推进剂，整个组合体处于头重脚轻的状态，低层风速过大可能会使箭船组合体失去平衡。

2）高空风对发射的影响。发射时最重要的天气因素，则是距地面8～15千米的高空风。这一高度的大气层里风速最高，风的切变力较大，上下层不同的风速或者变化多端的风向都是影响火箭飞行安全的因素。火箭到达这一高度时，垂直向上的速

> **知识链接**
>
> **切变风**
>
> 切变风是指风向或风速在水平或垂直方向发生突然变化的现象。对火箭发射影响较为严重的通常是8～15千米高度范围内的切变风。

度已远远超过声速，风速如果过大，就会使火箭产生较大的横向剪切力矩，影响火箭的飞行安全。

3）温度对发射的影响。火箭由成千上万个元器件组成，它们都有适宜工作的温度范围，超出这个范围，元器件将会失效，从而影响火箭的正常发射。

4）其他天气因素对发射的影响。火箭发射前或飞行过程中，发射塔上空和飞行轨道上的雷电或带电云团有可能诱发高压电击（图 8－1），损坏火箭和飞船上的电子仪器，从而引起灾难性事故。太干燥的环境容易产生静电和电火花，而过于潮湿的环境则会使设备表面结露，从而产生电气短路等异常现象。

图 8－2 为影响航天发射的天气因素示意图。

图 8－1 航天飞机发射时发生的雷电

图 8－2 影响航天发射的天气因素示意图

知识链接

低温引发航天飞机事故

1986年1月28日，美国挑战者号航天飞机在执行第10次飞行任务时，起飞后73秒发生爆炸，7名航天员全部丧生。事故原因是发射时环境温度过低，右侧固体火箭助推器下面的装配接头处O型橡胶密封圈破裂，高温气流通过装配接头，引发外挂贮箱爆炸。

（3）发射场的气象预报系统

气象预报系统是为发射场执行发射任务建立的气象观测、处理和预报的保障性系统，是发射场技术勤务系统的一个重要组成部分。

发射场的气象预报与普通的气象预报有很大不同。普通气象预报一般针对的是某一地区某一天的天气情况，预报范围较宽泛。而发射场的气象预报，必须限定在某一天的某一时段，限定在火箭飞经的高空区域，具有要求更高、观测范围更广、预报保障项目更多的特点。

我国载人航天发射场的气象预报系统，是通过观测、预测天气变化、收集气象情报资料、接收地方气象部门提供的气象信息等手段，及时准确地发布长、中、短期天气预报和灾害性天气警报，为总装测试、垂直转运、发射时机等提供各种气象预测、预报服务。

载人航天发射场气象探测设备主要包括天基探测接收设备、空基探测设备和地基探测设备三类。

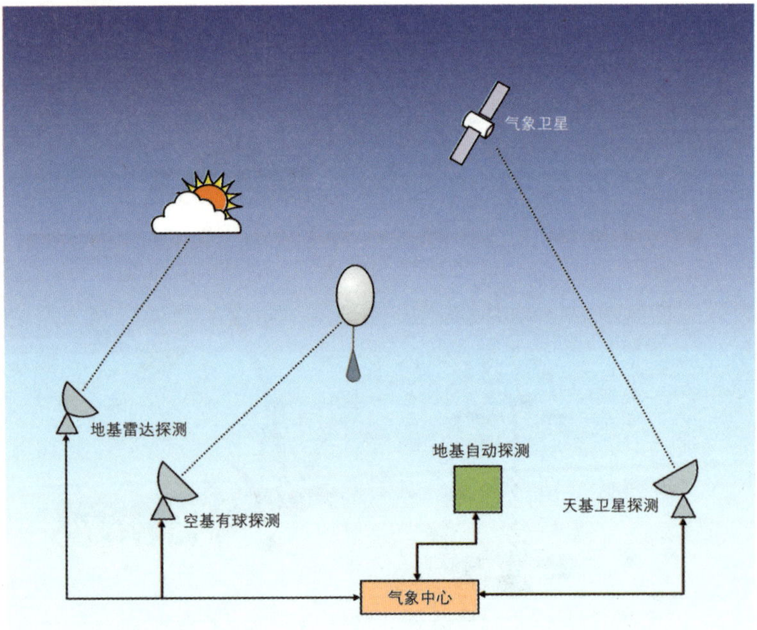

图8－3 载人航天发射场的气象观测系统

天基探测主要指利用气象卫星进行大范围的探测，发射场通过卫星接收设备接收处理卫星提供的气象数据，这是发射场数值气象预报的主要资料来源。

空基探测主要是指有球探测，发射场施放高空探测气球，使用无线电探空仪与地面雷达配合完成高空风向、风速、温度、湿度等气象要素的探测。

地基探测主要是指利用自动气象站、闪电定位仪、地面电场仪等各种自动观测仪和多普勒雷达、风廓线雷达等雷达设备进行气象要素的观测。

各种探测数据输入到发射场气象中心，进行数据分析和预报工作。通过天基、空基和地基自动化探测技术的结合，形成载人航天发射场的气象观测系统。图 8－3 为载人航天发射场的气象观测系统。

图 8－4　气象塔

（4）高空风与浅层风的预报

高空风是指近地面层特定高度的大气水平运动，高空风的测量对象是地面至 30 多千米高度范围内水平气流的方向和速度。高空风会使箭体弯曲变形，并出现弯曲振动。当风干扰的振动频率和箭体的固有振动频率接近时，箭体与自动稳定装置构成的闭环系统将出现不稳定现象，严重时可能发生结构损坏甚至解体。因此，高空风预报是火箭飞行安全的必要保障。

载人航天发射场采用了传统的气球测风和现代风廓线雷达测风相结合的方式，完成高空风场的精确观测。

高空风预报主要有四种：高空最大风速经验预报、高空最大风速格点预报、大于等于 70 米／秒风速形势预报、最大风切变经验预报。通过对高空风的年变化和垂直变化，以及其他特征和规律的综合分析，得到发射场逐层高空风气候变化特征；对发射场与上游站之间的风向风速进行对比研究，得出其相互关系；利用数值预报方法，对沿发射方向各高度层的风进行研究，获取逐层数值预报规律，通过检验和试验，进而得出相应的预报修正，最后获得高空风预报结果。

浅层风一般是指从地表至距离地表 80 米左右高度的风场

（风速和风向随高度的变化态势称为风场）。浅层风的预报主要利用气象塔完成。载人航天发射场建有一个高80米的气象塔（图8－4），塔上安装有超声波测风仪、平均场测风仪等设备，可接收风向、风速、温度、湿度等气象信息。

由于浅层风位于大气层与地球表面交界区的大气近地层内，地面摩擦力、地形、地表、动量交换、热交换等因素对浅层风影响较大，使得浅层风预报变得异常复杂、困难。

为了得到准确的预报结果，载人航天发射场对历史测量资料进行了统计分析，得到了浅层风的年、月、日变化规律，浅层风廓线和不同浅层风的垂直结构，总结出了浅层风日变化特征、非过程性天气下大风特征、过程性天气下浅层风特征、阵风特征等规律。在此基础上，归纳出冷锋型地面大风、热低压型地面大风、冷暖结合型地面大风三种天气学模型，从而建立起不同天气形势下预报最大浅层风的方法。

（5）雷电监测预警

雷电是发生于大气中的一种瞬态、大电流、高电压、强电磁辐射的天气现象，是危害航天发射活动的严重自然灾害之一，直接危及航天发射的安全。从对雷电测量的特征观测上，雷电监测设备可以划分为三类：雷电定位系统、大气电场测量系统和卫星气象探测系统，这是目前国内外普遍采用的雷电预警和预报系统。

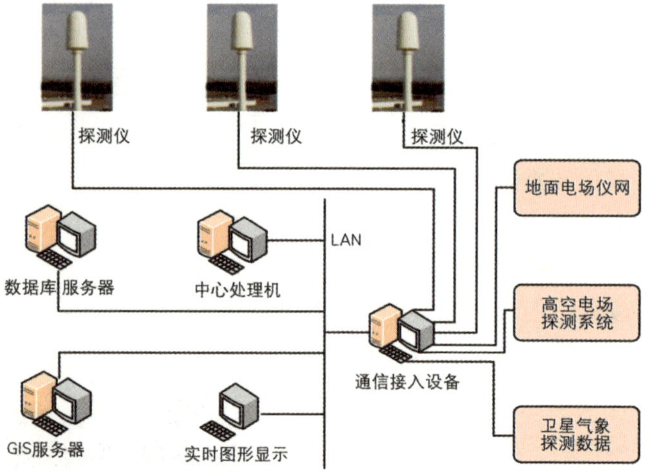

图8－5 雷电监测预警系统构成示意图

雷电定位系统是由一个主站、三个副站组成的雷电监测网，每个站内装备有闪电定位仪等设备，定位仪通过雷电辐射的次声波进行雷电定位。通过闪电光的亮度、光谱成分确定雷击放电参数，从而完成发射场周围的雷电时间、方位、强度、极性的监测。

大气电场测量系统主要包括地面电场仪网和高空电场探测系统。地面电场仪网由以发射塔为中心，架设于半径为4 千米圆周上的东、南、西、北4 个分站，架设于半径为8 千米圆周上的东北、东南、西南、西北4 个分站，以及发射场气象台共9 个站点组成，用于监测发射场周围12 千米区域内的地面电场强度。高空电场探测系统由电场探空仪和电场探空遥测接收机两部分组成，用于探测发射场上空12 千米高度范围内的大气电场强度。

雷电定位系统、地面电场仪网、高空电场探测系统、卫星气象探测数据及相关数据管理设备组合起来，构成了载人航天发射场的雷电监测预警系统（图8－5）。

雷电等强对流天气生成速度快、生存时间短，具有一定的局部地区特性，在气象学上属中、小尺度天气系统，预报难度大。雷电定位系统仅能对已发生的雷电进行测量，但不能对尚未发生雷电的云层产生响应，也无法探测到雷电形成前云层活动的过程。大气电场测量系统则对雷电引起的电场变化极为敏感，但仅单独使用大气电场测量系统进行雷电预警和预报，常常会造成较多的虚警。因此，将雷电定位系统和大气电场测量系统进行组合，能够比较准确地监测雷电的发生并进行预警、预报。

2. 计量系统

（1） 航天发射离不开计量

计量是实现度量单位统一，并进行如称重量、量长短、测力量大小、测速度快慢等准确可靠的测量活动。计量保障则是以统一的标准检定各种仪器设备是否满足技术要求的作业，就像称重要先检定秤准不准，计时要先检定表准不准一样。计量保障是航天发射的基础保障条件之一。

航天发射离不开计量。电器设备的测试必须有合格的电压表、功率计、分析仪等测量设备，雷达的测量必须要有准确的工作频率，这些都需要计量的保障。计量保障已深入到航天发

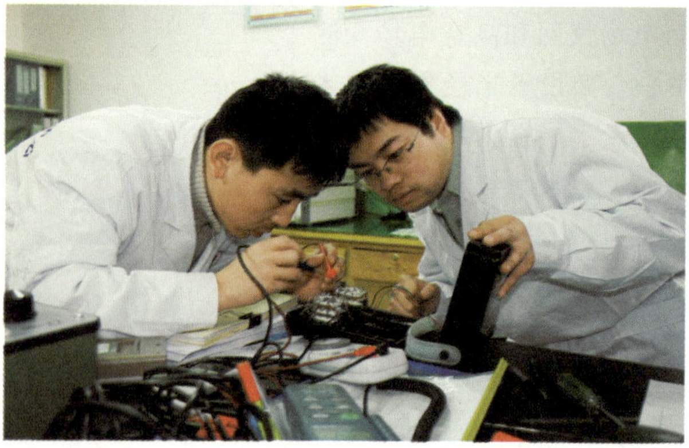

图 8－6 电流表检修

射的各个系统、各种设备，覆盖了长度、力学、热学、光学、化学、电磁、无线电、时间频率等各大类计量内容。图 8－6 为发射场计量人员在进行电流表检修。

（2） 计量系统的任务

发射场计量系统的任务就是要保存并管理计量标准，执行各类计量检定规程和技术法规，完成量值溯源和量值传递，评定各类计量器具的性能，完成参试仪器仪表的检定、修理、计量测试，实现单位统一、量值准确可靠的测量。主要包括以下内容。

1） 电学计量。包括电压、电流、电阻、电容、电感、电功率等电学量的计量。

2） 无线电计量。通常指从 30 千赫到 110 兆赫频段内的电磁量的计量。实际上，无线电计量的某些参量和检定项目一直延伸到低频乃至直流的范围。无线电计量包括失真度、高频电压、调制度、信号源、脉冲、功率计、衰减、噪声系数等。

3） 时间频率计量。是指通过直接比对和借助电视、卫星等无线电发播手段向用户计量标准器具或工作计量器具传递时间频率量值以及原子钟频标，协调世界时和地方时（北京时间）。

4） 力学计量。包括质量、容量、密度、力、力矩、功率、转速、压力、真空、流量，以及描述运动状态的位移、速度、加速度、振动、冲击等参量，还包括材料硬度等。

5） 电磁兼容。是指对航天发射进行电磁兼容性试验，对发射场的无线电信号进行监测，防止相互间发生电磁干扰。

（3） 为什么在发射场要进行电磁兼容性试验

电磁兼容性是指电子设备、系统在特定的电磁环境中，按照设计要求协调（即不相互干扰）工作的能力，即电磁兼容能力。它反映了共同存在于同一电磁环境中的设备、系统互相兼

图 8－7 发射场电磁监测车及监视器

容的程度。

火箭、飞船在出厂前已经各自作过功能检查及电磁兼容性测试，一般能够保证各自功能的实现及本身的自兼容。为什么进入发射场后，还要进行电磁兼容性试验呢？这个问题可以从以下两个方面进行分析。

一是发射场的地面无线电设备很多，有对火箭进行跟踪、外测、遥测及安全控制的设备，有短波无线电台、微波、卫星通信等通信设备，还有测风雷达、测雨雷达等气象设备。这些设备工作频段覆盖了HF频段至Ku频段，致使发射场电磁环境非常复杂。为检验飞船、火箭、地面设备同时工作时的电磁兼容性，必须作各系统间的电磁兼容性试验，以便及早暴露问题，查出干扰源、干扰途径和受干扰对象，采取措施加以解决。

二是火箭、飞船上的遥测发射机和接收机极易发生谐波干扰与组合频率干扰，因此，需要在发射场进行电磁兼容性试验。通过试验，监测电磁频谱，观察火箭、飞船的工作是否正常，以及环境中有无与重点工作频率接近的背景信号，为分析确定箭船电磁兼容情况及排查出现的电磁干扰提供依据。图 8－7 为发射场电磁监测车及监视器。

3. 供配电与接地系统

（1） 供配电系统的任务

现代生产、生活离不开电的供应，航天发射也不例外。在航天发射过程中，每个环节、每台设备均需要地面供电。火箭

图 8－8　发射场外电网变电站

的吊装、起竖、测试、加注、供气、瞄准，发射时的点火、遥测、遥控、跟踪测量，勤务保障中的照明、空调、通信、维修等，都需要地面电源。因此，地面供电系统是航天发射场不可缺少的组成部分。

在航天发射过程中，如果出现电力供应中断、电能品质不稳定、供电故障等异常情况，轻则造成发射任务中断，重则造成产品损坏、发射失败。因此，航天发射场的用电对可靠性要求非常高，一般按照国家标准一级用电负荷配置，除了正常的发电系统、高压供电系统、低压配电设备、自动化调度系统外，还增加了外电网供电、大型不间断电源和电能品质检测与管理系统，以确保供电的连续性、稳定性。图 8－8 为发射场外电网变电站。

（2） 可靠的供配电系统

为保证发射场供电的可靠性，发射场的供配电系统采用双电源、双回路的供电方式。作为供配电双回路的另一种备份，技术区和发射区各配置一台大型不间断电源，在市电供应中断的情况下，能够在极短的时间内恢复供电，确保产品测试期间的安全性、可靠性。图 8－9 为发射场双回路供配电系统示意图。

为了确保多用户间不产生相互干扰，各个系统对测试用电

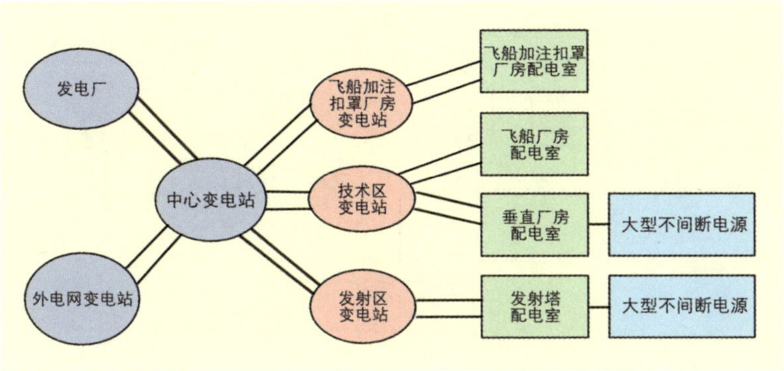

图 8－9 发射场双回路供配电系统示意图

进行单独控制，保证在一个系统发生供电问题时不会影响到其他系统。

(3) 电源品质监测系统

在航天发射任务中，各种设备对电源质量的要求较高，电源质量的好坏直接影响到设备工作的稳定性。虽然发射场的电源从发电、供电、用电等各个环节都有非常严格的质量和技术控制措施，力求供电质量满足标准和要求，但是，电源质量受一定条件的限制，随着用电时间长短和用电设备负荷的变化，电源质量也将随之发生变化。例如，即使是负载很小的开关动作，也能造成电源输出叠加毛刺扰动。

因此，对电源质量进行准确监测是解决发射任务中电源问题的有效手段。通过实时监测，可以了解电源质量的变化情况；利用监测数据进行分析，可以判断出电源存在的问题，提高故障排除效率，保证发射任务的顺利进行。

电源品质监测内容包括电源的电压、频率、电流、失真、瞬态电压（含浪涌电压、尖峰电压、电压跌落）。电源品质实时监测的重点是重要用电设备（如火箭控制系统）的供电母线、大功率用电设备（如中频电源）的电源出入口干线电压等部位。通过实时监测，可以实时跟踪重点用电设备的供电质量和电污染源对电源产生的影响。

电源品质监测系统如图 8－10 所示。

图 8—10 电源品质监测系统示意图

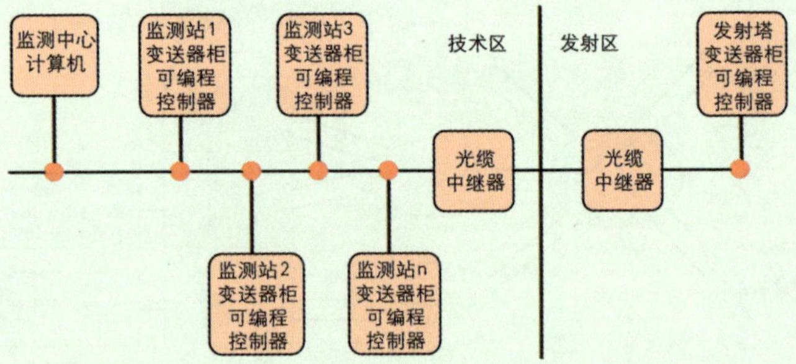

(a) 固定式电源品质监测系统

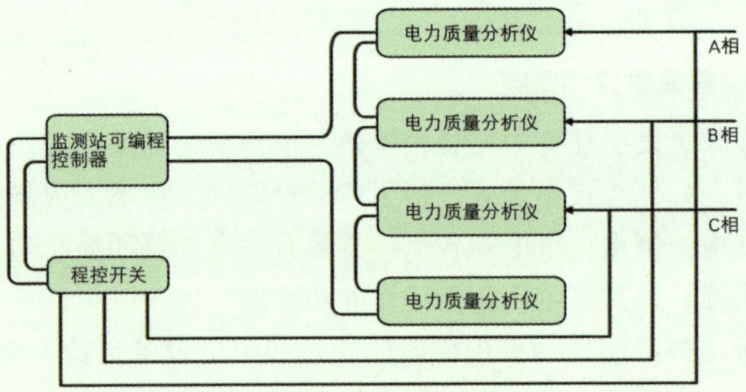

(b) 移动式电源品质监测系统

(4) 统一的发射场联合接地系统

接地是将电力系统或电气装置的某一部分经传导良好的导线连接到接地体，接地体将电流导入大地的一种技术。接地体是与大地直接接触的金属导体或金属导体组，分为自然接地体和人工接地体。良好的接地系统可以防止电击、雷击、静电危害和电磁干扰，提高航天发射任务的测试精度，确保测试数据的准确性和发射的安全性。

航天发射场接地类型分为保护性接地和功能性接地两大类。保护性接地分为防电击接地、防雷击接地、防静电接地和防电蚀接地 4 种；功能性接地分为工艺接地、屏蔽接地和信号接地 3 种。

我国载人航天发射场地处巴丹吉林沙漠边缘，属戈壁地貌高电阻率地区，很难获得独立的低电阻接地网。要把各种接地完全分开也很难做到。为此，发射场采用了先进的大型联合接地网，即将各主要建筑物室外环形接地网通过镀锌扁钢带彼此连通，技术区与发射区的接地网通过两区间的转运轨道相连，发射塔防雷接地均压网与塔架及其钢结构基础、转运轨道基础等可靠地焊接成一体，从而构成一个统一的大型联合接地网。这种联合接地方式保证了发射场的接地质量，满足了各种接地通过干线独立通向大地的要求，经济、实用、有效、安全。

4. 消防报警系统

（1） 航天发射过程中会出现什么样的火灾

航天发射场贮存有大量易燃、易爆的推进剂。在发射前，不仅火箭要加注数百吨的推进剂，飞船也需要加注数百千克的推进剂。此外，火箭逃逸塔上还安装有逃逸主发动机、控制发动机等固体火箭发动机，火箭和飞船上还安装了数以百计的火工品，这些都是潜在的危险源。

如果发射场出现管理疏漏，除可能发生常规火灾外，还会因推进剂泄漏、火工品误爆、电火花或静电意外点燃推进剂等原因而引发火灾。发射场发生火灾，轻则烧毁设备，带来经济损失，影响任务进程，重则导致箭毁人亡的惨剧。

知识链接

发射场火灾导致惨重损失

1984 年 6 月 26 日，美国发现号航天飞机进行第一次飞行，发动机点火时出现推进剂泄漏故障。发动机系统关闭后，其主发动机燃起了大火，经过消防系统近 40 分钟扑救，才使航天员脱离险境。此次火灾使发现号的发射时间推迟了两个多月。

2004 年 2 月 23 日，印度萨迪什·达万航天中心因固体推进剂爆炸引发火灾，造成 6 人死亡，10 人受伤，厂房严重损坏。

（2）火灾报警系统

火灾报警系统的任务是探测火灾，并发出火警预报，以便操作人员采取措施灭火，保障人员和产品、设施的安全。火灾自动报警系统由各消防区的火灾探测器、区域报警器和位于消防控制中心的集中报警器组成。发射场消防系统将报警系统和各种灭火装置连接起来使用，形成具有联动功能的中心报警控制系统。

为了及时探测到火灾险情，发射场采用了众多的火灾智能型传感器，如离子感烟探测器、红外感烟探测器、紫外感光探测器、智能感温探测器、可燃气体探测器等。感烟探测器用于检测火灾产生的烟雾；感温探测器用于检测火灾发生时温度的变化；感光探测器又称火焰探测器，用于检测火灾产生的火焰；可燃气体探测器用于检测可燃气体的浓度。

各种传感器检测到火灾信号后，将信号输入到自动报警器和消防控制中心，自动报警器和消防控制中心即以声、光信号发出警报，指示火灾发生的位置，并记录火灾发生的时间。同时，控制装置发出动作指令，启动消防和防护设备，达到灭火和保护人员、设施、设备安全的目的。消防报警联动系统如图8－11所示。

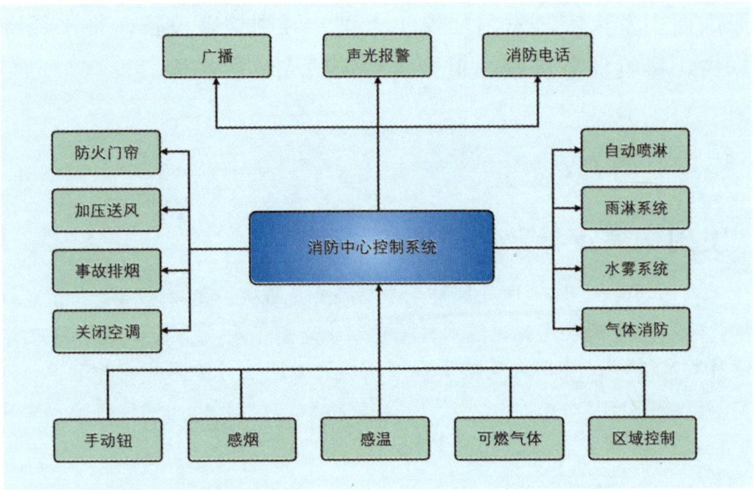

图8－11 消防报警联动系统示意图

(3) 自动消防系统

为了能在发生火灾的第一时间及时灭火，发射场根据不同消防区域的特点，设置了多种自动灭火装置。

在技术区厂房，一般采用自动喷淋系统。系统由闭式自动喷淋头、供水管道、湿式报警阀、水泵和水源等组成。自动喷淋头具有自动感温功能，当温度超过68℃时，喷头中心的红色玻璃管破裂，喷头开始喷水。

对于可能产生剧烈燃烧和爆炸的场所，如飞船加注扣罩厂房和发射区的推进剂库房，一般采用雨淋系统。系统主要由喷头、供水管道、水力控制雨淋装置、水泵和水源等组成。雨淋系统着眼于对设施提供整体保护，系统工作时，所有的喷头同时喷水，可在瞬间覆盖或阻隔整个火区，以对付来势凶猛、迅速蔓延的火灾。图8－12为雨淋消防示意图。

对于适宜采用水消防，但是又不能大量用水的区域（如垂直厂房活动工作平台），一般采用水雾系统。系统由水雾喷头、管道系统和控制阀等组成，工作原理与雨淋系统基本相同。不同的是，水雾系统喷出的水为雾状，由于水雾的粒径小，能在燃烧区内迅速汽化，具有良好的冷却和使火焰窒息的作用，并且用水量少，水渍对设备造成的损失小。水雾系统一般不直接

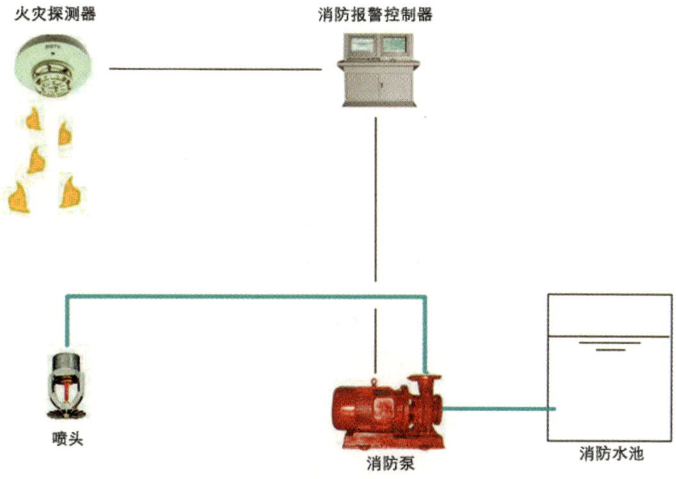

图8—12 雨淋消防示意图

图8–13 卤代烷气体消防系统

用来灭火，而是防止火势的蔓延和扩大。

对于配电室、计算机房等建筑，不能采用水消防，一般采用以卤代烷1211作为灭火剂的全自动气体消防系统。现场同时安装有离子感烟探测器和智能感温探测器，当两种探测器同时报警时，卤代烷气体消防系统将自动开启。开启前有30秒钟的延迟时间，现场人员或值班人员可根据具体情况，决定是需要急停，还是自动开启灭火系统。系统放气时，为避免人员中毒，要求室内人员必须全部撤离，并关闭门窗，形成一个密闭的放气空间，使卤代烷1211气体迅速充满空间，以达到快速灭火效果。图8－13为卤代烷气体消防系统。

为了达到更好的消防效果，发射场还设计了多种联动防火设备。例如，为了防止火灾蔓延，联动防火卷帘门下降到底，建立防火分区；为了保证现场人员安全撤离和消防人员安全赶到现场灭火，需给各安全通道和出口处的风口加压送风；为了不使现场人员窒息，需要联动打开排烟机；为了防止火焰通过空调送风管道蔓延，联动停止空调系统；为了防止电线起火短路，联动关闭相关部位非消防电源等。

图8–14 发射台消防示意图

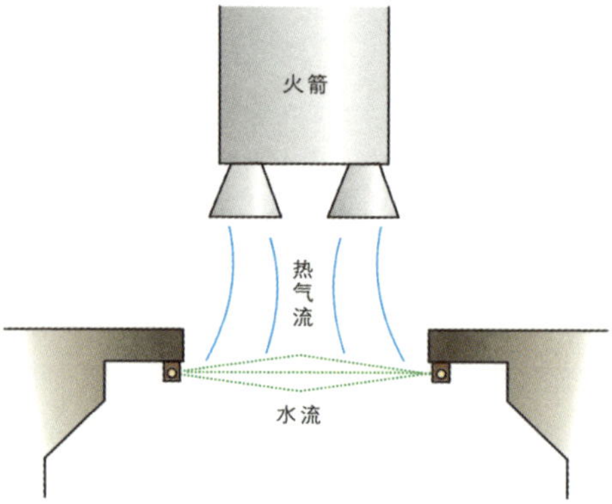

（4） 发射过程中的消防

航天发射过程中的消防更为复杂，消防设施包括发射台冷却消防、导流槽冷却消防降噪、发动机喷口消防、发射塔雨淋设备、消防栓等固定装置，以及大型活动消防车和小型灭火装置等。

火箭加注时，如果推进剂泄漏并发生燃烧，一般由消防近控台就地控制消防，由各层的消防栓和灭火器完成，火灾严重时使用消防车协助。

正常发射时，由于火箭发动机产生的高

图8-15 发射台消防喷水试验

温高速燃气流对发射台具有较强的烧蚀作用，对导流槽具有极强的冲刷作用，此时会产生严重的低频噪声，对人员和设备造成危害。因此，一般采取远距离控制技术，由消防远控台控制电磁阀和消防泵完成导流槽和发射台的消防。图 8－14 为用喷水方式为发射台进行消防。

火箭发生紧急关机时，可能会产生着火和爆炸，为了及时消灭险情，一般由火箭发射控制台实行联动控制，启动对发动机的消防和雨淋装置。图 8－15 为发射台进行消防喷水试验。

在发射准备阶段或发射时，如果飞船上部发生火灾或启动逃逸飞行器逃逸，由于此时着火部位较高，一般采用机动高空消防车进行消防。

5．大地测量系统

大地测量是在地球表面按网状布设一定数量、一定质量的控制点，通过精确测量这些点的位置、高程及其随时间的变化，进行天文测量和重力测量，来精密确定地面点的海拔高度、天文方位角和重力加速度等参数。这些工作可以用来研究和测定地球的形状、大小，为地球科学提供计算基准和基本数据，同时也为火箭及航天器提供坐标基准。

（1） 确定测量基准

飞船发射离不开精密的大地测量。飞船从发射场起飞至船箭分离、飞船入轨，要飞行几千千米远，几百千米高。在这个过程中，要对火箭、飞船进行准确的导航控制和弹道测量，必须要有精确的地球定位信息作为基准。这些基准需要在飞船发射之前精密地测量确定下来。主要基准如下。

1）发射基准。包括发射原点大地坐标、重力加速度、瞄准点天文方位角等。

2）测试基准。包括火箭与飞船惯性仪器测试设备原点的大地坐标、重力加速度及真北方向等。

3）测量基准。包括光学测量设备和无线电测量设备的大地坐标。

4）修正基准。包括对火箭与飞船进行飞行轨道修正的地球物理参数，如重力场数据、地心坐标等。

发射场进行大地测量就是要建立发射场的大地测量控制网，精密确定地面点的位置；建立发射场的高程测量控制网，精密确定地面点距离海平面的高度（简称水准高度）；进行天文测量和重力测量，精密确定地

图 8－16 火箭惯性仪器测试使用的天文点

面点的天文方位角和重力加速度。以上作业可以为火箭及飞船的发射、控制和测量设备提供高精度的大地测量数据，满足测发、测控设备基准校正、运动参数计算、测量数据处理的需要。图 8－16 为火箭惯性仪器测试使用的天文点。

（2） 确保测量精度

发射场的大地测量基准直接影响到火箭、飞船测试发射和弹道测量的精度。这些影响主要包括以下几个方面。

1）对火箭与飞船测试的影响。火箭与飞船均安装有惯性测量装置，用于测量火箭与飞船在飞行过程中不断变化的位置和速度，是飞行精度控制的核心，要求具有极高的测量精度。因此，在发射前需要对惯性测量装置的输出进行准确标定，而为标定输入的重力、子午线和纬度等测量基准，必须具有足够的精度。

2）对发射精度的影响。飞船的入轨精度取决于火箭的制导精度。由于火箭采用惯性制导，在火箭发射前必须将惯性测量装置准确定位，以建立初始的坐标基准。作为火箭飞行过程中导航计算的基础，这个过程称为“瞄准”。瞄准精度对飞船的入轨精度有很大影响，为保证发射精度，必须精确提供发射点和瞄准点的重力加速度值、方位值和纬度值。

3）对测控精度的影响。火箭发射后，在飞行轨迹经过的地面上，分布有多个跟踪测控站。为了准确测定火箭在空中的飞行位置，必须首先知道测控设备所处位置的高度、经度、纬度和方位角等基本参数。同时，为了保证连续测量的精度，不同测控站的测量点之间必须建立统一的大地测量控制网，以保证不同测量点能够在统一的坐标、精度下进行解读。

（3） 载人航天发射场的大地测量

载人航天发射场的大地测量主要包括以下三个部分。

1）局部工程控制网。在发射区、测控站等重点区域布设局部工程控制网，以确保发射场、测控站的高精度定位。加强对发射基准和测控基准的控制，有利于各种设备的联测。

2）建立水准高程控制网。在场区内布设高精度水准网，并通过一定量的天文、重力测量，得到高精度的高程数据。

3）天文测量和重力测量。在发射工位和惯性平台测试间实测一等天文经纬度、方位角和重力加速度，是为了满足发射瞄准和惯性器件测试的需要。

第九章

走进神秘的问天阁

—— 航天员在发射场的生活和训练

载人航天发射场有个“世外桃源”，红墙白瓦、绿树蓝天，与弱水河畔的胡杨林相映成趣，显得别致而幽雅。

这里就是航天员区——“圆梦园”，其中的核心建筑“问天阁”，是航天员进入发射场后进行短期生活、训练、医监医保、隔离检疫、登船准备的场所。

1. 探秘问天阁

问天阁位于发射中心试验指挥区的西南侧，是一座白色与橘红色相间的建筑群。这里的自然景观和人造景观、室内景观和室外景观有机结合，在风沙多、秋冬季节绿色少的自然环境中，为航天员营造了沙漠中的一片绿洲，一个以人为本的宜居空间。如果说，江南水乡的苏州园林展现的是中国文化的悠远与深邃，那么，问天阁作为现代功能性建筑群，则表现了中国航天文化的深厚与绵长。图 9－1 为问天阁一角。

图 9－1 问天阁一角

问天阁中设有中央大厅、隔离大厅、航天员公寓、航天员餐厅以及航天员健身房，还有许多供航天员测试的房间和医监、医保使用的办公室、检测室，等等。航天员在这里进行体能训练和简单的技术训练，同时每天接受身体状况监测。

中央大厅是问天阁的中心枢纽，厅中配合水景观设置了一座装饰性的微型万里长城，因而被人们亲切地称为“长城厅”（图 9－2）。万里长城是千百年来中华民族精神的象征，是炎黄子孙自强不息、团结奋斗精神的写照。中华儿女的飞天梦想就

图 9－2 “长城厅”

从这里开始。

隔离大厅（图 9－3）一方面可以保证航天员参加必要的对外界的活动，另一方面可以保证他们在出征前不与外界人员近距离接触。玻璃罩外的大厅可容纳 100 人左右。罩内面积约 10 平方米，设有简单的平台，上面最多能站 9 个人。

航天员公寓都是三室一厅的标准套间，每个房间各有一张大床、一套桌椅和一个淋浴间。公共活动厅配有彩电、空调、沙发等设施，是航天员们工作之余休闲的地方。三个房间共用一个阳台，在阳台上，可以远眺窗外秀美的景色和悦目的胡杨林。

图 9－3 隔离大厅

2. 航天员在发射场的生活

(1) 航天员在发射场的饮食

跟普通人一样，航天员一日三餐，一顿也不能少，只是航天员的饮食要求更安全、更营养。为了保证航天员有良好的体魄，有专门的营养师精心调配他们的每一餐。

为了保证航天员在发射场的饮食安全和营养均衡，给航天员专供的蔬菜、牛奶、肉类、禽蛋等都有严格的安全监测规定，以确保航天员在发射场饮食的绝对安全。图9－4为航天员餐厅。

图9–4 航天员餐厅

(2) 航天员在发射场的住宿

航天员公寓在航天员区的中部，与餐厅区、体能训练区、专业训练区、医监医保区相通。图9－5为航天英雄杨利伟住过的房间。

每次执行任务的同一梯队的航天员住在一套三室一厅的公

图 9-5 航天英雄杨利伟住过的房间

寓内，每人一间。这样既能保证同一梯队的航天员各自拥有独立的空间，又便于彼此之间进行交流和沟通。

3. 航天员在发射场的训练

航天员进入发射场后，为保证始终处于最佳的体能和执行任务状态，仍要坚持进行一些体能训练和技术训练。

(1) 体能训练

航天员进入发射场后，要进行保持身体状态的体能锻炼。问天阁设有航天员健身房（图 9-6），航天员可在其中跑步，锻

图 9-6 航天员健身房

图 9－7　航天员参加登舱演练

炼腰、腹、胸肌和臂力。另外，发射中心地处大漠绿洲，自然环境宜人，空气清新，航天员可以在庭院内散步。

（2）熟悉发射场设施

进入发射场后，航天员在发射场技术人员的带领下，要逐一参观发射场的重要设施。发射场设备众多，规模庞大，哪些是航天员必须要熟悉的设施呢？

首先，要熟悉发射塔。发射塔是航天员在技术测试、登舱和射前出现危险情况时紧急撤离的地方，航天员必须对塔架非常熟悉。尤其是对从哪一层登舱，紧急撤离的逃逸滑道在第几层，从飞船出来后按什么路线到达逃逸滑道入口，怎样乘坐防爆电梯，等等，都要了如指掌。

其次，航天员还要熟悉紧急撤离滑道下面的出口，从出口到地下安全掩蔽室的通道，以及地下安全掩蔽室的设备，通往技术区的电缆通道等。一旦出现紧急情况，如果救援车不能及时赶到发射区，航天员可以从地下电缆通道快速撤离到技术区的安全地带。

（3）参加技术测试演练

航天员在发射场除了保持良好的体能训练外，还要进行技术训练。虽然北京航天员中心有专门的模拟技术训练设施供他们使用，但是进入发射场后，就是“真枪实弹”的技术训练了。航天员在发射场的主要技术训练就是技术测试演练。

首先，进行登舱、出舱演练。尽管航天员在平时也进行过登舱、出舱模拟训练，但在执行飞行任务之前，他们必须在真实的飞船中进行实地演练，如何登舱，登舱后脚踏什么位置，手抓什么部位，采取什么姿势，经过哪些步骤，舱门如何关闭、开启，等等，哪怕是很小的细节都要演练到，以做到万无一失。图 9－7 为航天员参加登舱演练。

图 9－8 航天员参加人、船、箭、地联合测试

其次，参加人、船、箭、地联合测试（图9－8）。联合测试时，航天员要像真正执行飞行任务那样，身着舱内航天服，从整流罩的登舱口进入飞船。一切准备就绪之后，火箭开始模拟起飞，航天员要完成整个飞行过程中的关键操作动作，并及时汇报完成情况。航天员在舱内的面部表情和全部活动都有摄像记录实时传送到地面指挥系统。执行飞行任务的所有梯队人员都要进行这项技术测试。

第三，参加紧急撤离演练。即由发射场系统模拟设置火箭在待发段出现事故、航天员需要紧急撤离的工况，此时，航天员迅速从飞船中撤出，通过发射塔的专门通道，跳入紧急撤离滑道，快速下滑撤离，到达地下安全掩蔽室。这是关系到航天员生命安全的关键演练，每个执行任务的航天员都要参加。在演练过程中，航天员要熟悉发射场救生通道、救生设施，以便发生危险时能够从容应对。

4. 航天员出征仪式

（1）准备出征

出征太空是航天员一生中最神圣的时刻！他们怎样作出征前的准备呢？

航天员出征前的第一要务就是要绝对休息好，保证8 小时的连续睡眠。这一天的作息时间要根据发射时间安排。如果第二天的发射时间是上午9 点，航天员就要在头一天晚上8 点左右开始8 小时连续睡眠。

航天员出征前要做的第二件事就是进行生理测试。这次生

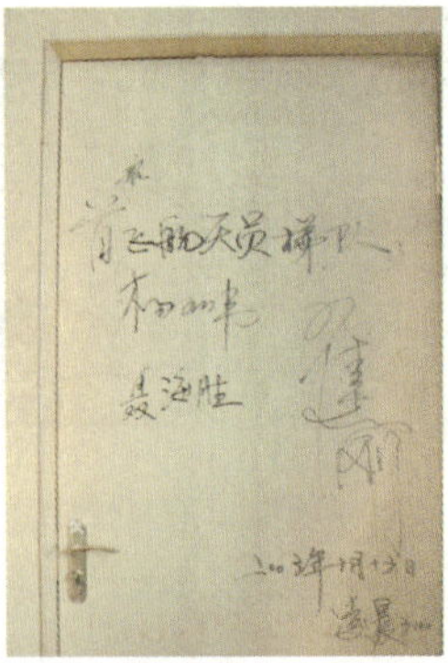

图 9－9 航天员出征前在门上的签名

理测试比往常更加重要，主要包括心电、体温、血压、心率、体重测试，以及简单的内科、外科、神经科、五官科检查，等等。如果被选中的航天员过于兴奋、激动，或者紧张、忧虑，都会出现微小的生理变化。这些变化都逃不过航天员心理医生和医监医保人员的“火眼金睛”。如果第一梯队人选在检查中出现异常情况，就要考虑后备梯队。

航天员在发射前 4 小时开始做临飞前的准备。一系列检查测试之后，航天员开始进餐。出征前的膳食非常精细，一般选择不易引起肠胃刺激的面条、水饺等。离开公寓前，航天员会在自己的宿舍门上写下名字和出征时间，留作纪念（图 9－9），这一刻就这样永远定格在历史的记忆中了。

图 9－10 航天员在隔离大厅

（2）走进隔离大厅

发射前2小时30分，第一梯队航天员身着舱内航天服，经过专用通道来到隔离大厅（图9－10），与大家话别。此时记者们已经在大厅两侧各自找好了位置，等待前来发射场坐镇指挥的最高首长给航天员壮行。这是总指挥部专门为航天员安排的出征活动之一，首长和各系统总指挥、总设计师与航天员进行简单的对话、交底、鼓劲，时间大约5分钟。

（3） 经过航天员专用通道

为了减少航天员飞天之前与外界的接触，从航天员公寓到隔离大厅、从隔离大厅到问天阁广场，都设有航天员专用通道。话别仪式结束后，航天员经过专用通道走向问天阁外的出征广场（图9－11）。航天员专用通道平时不开放，专供航天员出征时使用。

（4） 走向万众瞩目的出征广场

出征仪式（图9－12）是发射场为航天员举行的最隆重的仪式之一。届时，少先队员、各界民众和工作人员手捧鲜花，簇拥在广场上，夹道欢送即将出征太空的航天员。记者们更是不会放过这个珍贵的机会，所有的“长枪短炮”都对准航天员通

图9－11 航天员走出专用通道

道，等待航天员的到来。在万众瞩目下，航天员伴着壮行的乐曲来到问天阁广场，向总指挥报告出征前的准备情况。随着总指挥一声有力的“出发”口令，航天员登上专车，在乘坐三轮摩托警卫的护送下驶向发射塔。

图 9–12 神七航天员出征仪式

第十章

圆梦的日子

—— 发射程序全记录

“10、9、8、7、6、5、4、3、2、1，点火——！”随着扣人心弦的倒计时读秒声，运载火箭的8台发动机同时点火。火箭底部喷出橘红色火焰，火箭、飞船伴随着震撼人心的轰鸣声，缓缓离开发射台，起飞上升，奔向太空。

1. 确定发射窗口

(1) 什么是发射窗口

航天器的发射需要选择相应的发射时机。允许航天器发射的时间范围称为发射窗口。

航天器发射窗口的确定,必须要考虑航天器的运行轨道、航天器的工作条件、天体运行条件、空间碎片规避、地面跟踪测控通信和气象要求等因素。

例如，探测太阳系行星的航天器，必须要考虑行星的运行轨道，当行星和地球对太阳的张角处于一定范围内时进行发射；进行交会对接的追踪航天器，必须在目标航天器的轨道面包含发射点的时段进行发射，以保证两个航天器基本共面；要满足航天器在轨道上正常工作的条件，必须选择合适的发射时段，使航天器入轨后与地球、太阳有一定的相对位置，保证航天器的温度控制系统、姿态控制系统、太阳电池阵能正常工作。

航天器的发射窗口一般有三种类型。

1）年计窗口。它是以指定的某一年内连续的月数表示，适用于行星际探测任务。如发射哈雷彗星探测器。

2）月计窗口。以确定的某个月内连续的日数表示，适用于行星和月球探测任务。如发射月球探测器。

3）日计窗口。以某日内某时刻到另一时刻的形式表示，适用于卫星、飞船和空间站等航天器的发射。

实施航天器发射时，可能要同时计算两种或三种发射窗口。如发射哈雷彗星探测器时，应选择在哈雷彗星回归的年份内发射，需要计算年计窗口和月计窗口；发射地球资源卫星、照相侦察卫星，要求航区和目标区域有较好的地面光照条件，应选择合适的月计和日计窗口，以避开地球阴影和不良气象条件。

(2) 载人飞船的发射窗口

载人飞船是一种载有航天员，并在近地轨道上执行短期飞行任务的航天器。它的发射窗口由哪些条件来确定呢?

载人飞船与普通航天器的发射窗口有所不同，必须要同时满足飞船正常工作条件要求和航天员的安全及救生要求。

1） 飞船正常工作条件要求。飞船的各种仪器都有一定的工作温度范围，仅靠飞船所携带的有限能源，难以满足仪器的温度范围要求，必须保证飞船有一定的时间处于阳光照射区。而选择在不同时刻发射飞船，飞船在绕地球飞行期间，处于阳光照射区和地球阴影区的时间会有很大差异，因此，必须选择合适的发射窗口，确保飞船在轨道上有合适的受晒因子。

飞船在轨自主飞行时，由太阳电池阵提供能源。神舟号飞船的太阳电池阵只能绕横轴旋转，为了保持稳定的发电能力，太阳电池阵的正法线与太阳方向应保持一定的夹角。为此，需要通过选择发射窗口来满足这一要求。

飞船制导、导航与控制系统红外地球敏感器要求地球能进入视场，而太阳光不能进入视场；数字太阳敏感器则要求太阳完全进入视场。因此，要综合各种要求，确定合适的发射窗口，保证飞船在轨期间运行正常。

2） 航天员的安全及救生要求。载人飞船发射，首先要保证航天员的安全，因此，必须确保成功发射、良好测控、安全返回，出现问题时应急救生成功。在选择发射窗口时，要尽量考虑发射场、着陆场和远洋测控区的气象因素。

知识链接

受晒因子

受晒因子是指航天器在绕地球运行一圈的时间内，受阳光照射时间与轨道周期的比值。

（3） 追踪飞船的发射窗口

执行交会对接任务的飞船，要对目标飞行器进行追踪，使两个飞行器在同一时间、以相同速度到达空间的同一点，并完成两个飞行器的空间对接（图10–1）。这样的飞船称为追踪飞船。显然，与一般飞船相比，追踪飞船的发射窗口还需要满足对接轨道的要求。

图10–1 飞船与目标飞行器对接

交会对接时，要求追踪飞船和目标飞行器在同一轨道的同一位置上。目前，通常采用的交会对接方案是：在追踪飞船发射前，先调整好目标飞行器的轨道高度和初始相位（指追踪飞船入轨时刻，追踪飞船和目标飞行器对地心的张角），随后将追踪飞船发射到一个比目标飞行器低的轨道上（称为调相轨道）。追踪飞船在调相轨道上飞行若干圈，调整两个航天器的相位，并在预定的圈次从调相轨道上经过多次变轨，实现与目标飞行器的交会对接。

改变航天器的轨道平面，需要消耗大量的推进剂。为了节省推进剂，使两个航天器基本共面，一般要求追踪飞船的发射窗口只有几秒钟，对地面发射控制的要求更为严格。

（4） 发射时机如何确定

发射窗口的确定是火箭、飞船和发射场联合进行的重要工作，而在发射窗口中选择发射时机则是发射场的重要任务。

发射时机的选择受到各种因素的影响，除了火箭、飞船的研制进度外，影响发射时机的主要因素包括以下几个方面。

1）要考虑火箭、飞船发射气象条件的影响，即根据天气预报情况，选择满足火箭、飞船发射要求的时机。

2）要根据火箭、飞船、发射场、测控等系统的实际准备情况，将发射时间定在各系统满足发射条件后的时段。

3）要考虑地面跟踪测量系统的工作条件要求，比如远洋测量船工作海域的天气情况、海浪情况，发射场光学测量设备的能见度、太阳角度等。

4）要考虑发射场、着陆场对航天员搜救的要求，如选择的发射时机要有利于救生的准备、落点的预报和搜索，着陆场不能有大风、沙尘、雷电等恶劣天气。

2. 制定应急预案

（1） 发射阶段会出现哪些异常情况

据国外统计，航天器发射阶段发生的事故占全部航天事故的30%左右。美国、苏联／俄罗斯均在发射阶段发生过严重事故，导致重大损失。

发射阶段的异常情况分为一般性故障、危险性故障和灾难性事故。

一般性故障是指发射场在对火箭、飞船进行测试发射过程中设备出现的故障。这种故障不会酿成灾难性事故，经紧急排除后，可以重新组织发射。

危险性故障是指容易引起中毒、伤亡、火灾、爆炸等灾难性事故的设备故障。这种故障出现后，发生事故的可能性较大，需要立即采取紧急措施予以避免。如火箭点火后不能正常起飞而实施的紧急关机等。

灾难性事故是指在发射阶段，出现推进剂泄漏、着火、爆炸，火箭倾倒等意外情况。这类事故轻则导致发射失败，重则造成箭毁人亡。发生灾难性事故时，需立即中止发射程序，航天员紧急撤离或逃逸。图10－2为运载火箭顶端的逃逸飞行器。

图10－2 逃逸飞行器

（2） 应对异常情况需要有预案

在发射阶段，异常情况的发生是随机的，发展速度也是不可预料的。作为高可靠性、高安全性的载人航天发射，必须要有详细的发射预案，才能在出现异常情况时，能够有条不紊地进行组织、指挥、实施，防止事态扩大，避免严重后果。

发射预案是实施发射时总的预备处置方案，也是发射中出现异常情况时实施决策、指挥的依据。发射预案一般包括以下内容。

1）确定发射窗口。通常要根据气象情况和其他综合因素确定2个或3个连续发射窗口。发射程序瞄准第一发射窗口，出现问题时可取第二发射窗口或第三发射窗口。

2）确定最低发射条件。最低发射条件是指为实现发射任务的基本目标而必须保证的基本条件，包括火箭、飞船、测控通信、发射勤务和气象等系统能进行发射的最低要求。飞船的发射要求较高，一般要尽量满足最佳发射条件。当出现发射过程异常时，也可以在确保最低发射条件的情况下，以一定的任务目标损失为代价实施发射。

知识链接

联盟号火箭在发射台上爆炸

1966年12月，苏联联盟号运载火箭在发射第二艘无人飞船时，自动发射程序突然中止，火箭主发动机意外停车。当消防设施浇灭发射台的火焰之后，工作人员来到发射台保护火箭的安全。这时，飞船逃逸系统突然点火，并引起运载火箭爆炸。尽管工作人员紧急撤离，仍造成1人死亡、多人受伤的重大事故。

3）进入倒计时后，各个时段允许推迟时间的计算。这是为指挥操作人员处理发射过程中出现的故障而准备的。如果处理故障时间超过允许推迟时间，则必须中止发射程序，重新组织发射。允许推迟时间的计算主要考虑飞船、火箭仪器设备的连续工作时间，使用寿命，更换仪器时间，发射窗口长短等因素。

4）当前窗口不能发射的情况处理。一般是指在临射检查过程中，因处理故障错过了当前发射窗口，或点火不成功而实施紧急关机及其他原因导致当天窗口不能发射，火箭、飞船等各系统进行故障处理的情况。

5）灾难性事故的处理方案。主要包括推进剂泄漏、着火、爆炸，火箭倾倒，起飞碰塔架等灾难性事故出现时的处理方案。原则是优先保障航天员和工作人员的安全，其次是使设施设备损失降到最低。

（3） 什么情况下才能进行发射

进入临射检查阶段后，飞船能否进行发射，存在着各种限制条件。这些限制条件称为发射条件。发射条件主要包括发射窗口限制条件、地面发射控制系统限制条件、测控系统限制条件、通信系统限制条件、气象限制条件等。发射条件分为最佳发射条件和最低发射条件。

1）最佳发射条件。是指航天员、空间应用、载人飞船、运载火箭、发射场和测控通信各系统完全满足发射的技术要求，能保证火箭成功发射、飞船准确入轨、航天员安全工作。最佳发射条件要求各系统设备工作正常，性能良好，安全可靠；发射区、测控区、返回区的气象条件符合要求。

2）最低发射条件。最低发射条件又称允许发射条件，是指飞船发射时必须达到的最基本技术条件。在这种条件下，发射场系统、测控通信系统、气象条件能够保证火箭发射成功，火箭能将飞船送入预定轨道，飞船进入轨道后能正常工作，航天员的安全能够得到保证。在满足上述要求的情况下，允许飞船和火箭的个别次要参数超差、个别设备失灵、个别器件失效，允许地面测控通信系统的个别设备不能正常工作。由于各种约束因素处于动态变化过程中，最低发射条件不是单一的，可以有若干个方案，便于发射决策。

（4） 对异常情况有哪些处置办法

如果各系统出现一般性故障，要按照发射预案计算允许推迟时间，并按照本系统预案抓紧时间排除故障。如果排除故障时间在允许推迟时间范围内，则可重新进入发射程序；如果排除故障时间超过了允许推迟时间，则需中止发射程序，推迟发射。例如，“3 小时准备”时发生故障，允许推迟时间一般为 30 分钟，如果排除故障时间低于 30 分钟，就可以继续发射，超过 30 分钟，就要重新进入“3 小时准备”程序或取消当日发射。

当出现危险性故障，已经威胁到航天员的安全或不具备发射条件时，则应立即中止发射程序，转入故障处理程序或组织人员救护，待故障排除、条件具备后重新组织发射。例如，火箭点火失败而实施紧急关机后，火箭将自动断电，飞船和地面发射控制系统手动断电，同时启动消防系统对火箭一级发动机喷口和尾段进行消防，确认发动机完全灭火之后，塔勤人员方可上发射塔检查、操作，合拢塔架各层工作平台，固定火箭，组织航天员紧急撤离。如果推进剂发生泄漏、着火或控制系统断电失败，地面或火箭系统将自动启动逃逸飞行器，帮助航天员实施逃逸，应急高空消防车对火箭顶部进行消防，搜救队对航天员实施搜索救援。图10–3为整装待发的航天员搜救队。

图10–3 整装待发的航天员搜救队

当发生灾难性事故时，要迅速组织人员撤离，进行现场封锁，保证人员安全，使发射场设施损失降到最低。例如，火箭紧急关机后发生倾倒时，应立即启动逃逸飞行器，实施航天员逃逸。待火箭倒地爆炸产生的冲击波过后，各系统地面操作人员及时断电，消防分队对发射塔及附近建筑物实施应急消防，医疗救护人员做好伤员的抢救工作，警卫人员组织警戒和维持现场秩序，搜救队实施航天员逃逸后的搜索救援。

（5） 航天员应急救生要做哪些准备工作

确保航天员安全是载人航天工程的最基本要求，发射场的航天员应急救生方案可分为航天员紧急撤离和启动逃逸飞行器两种模式。

紧急撤离是指航天员进舱后，如果火箭、飞船推进剂泄漏或火箭、飞船、发射塔着火，在不需要或不能启动逃逸飞行器的情况下，航天员通过防爆电梯或逃逸滑道从飞船返回舱迅速撤离到地下安全掩蔽室。图10－4为航天员在安全掩蔽室训练的场景。

启动逃逸飞行器是指在射前30分钟内，火箭出现推进剂快速泄漏、着火或紧急关机后倾倒、控制系统断电失败等情况，地面发出有线、无线逃逸指令或火箭自动发出逃逸指令，启动逃逸飞行器，使航天员迅速脱离危险区。

由于航天员应急救生决策难度大、反应时间短、可靠性要

图10－4 航天员在地下安全掩蔽室进行训练

求高，因此，发射场必须做好应急救生的各种准备。准备工作的要点如下。

首先，要保证决策信息正确、判断及时。火箭各系统工作人员必须坚守岗位，在火箭故障检测系统正常值班的同时，火箭遥测系统也要向地面逃逸指挥控制台提供关键遥测数据。地面逃逸指挥控制台、火箭倾倒监测系统的操作人员要连续监测各项参数，确保在第一时间发现各类危险情况，为及时决策、正确指挥提供依据。

其次，要保证决策正确、指挥通畅。航天员应急救生工作采取两级决策模式，即先由火箭、飞船、发射场主管专家进行判断决策，并将结果送达应急救生智能决策系统，然后由逃逸指挥员作出是否逃逸的决策。紧急撤离时，要通过天地话音系统及广播系统通知航天员和各岗位人员；逃逸时，要通过有线、无线两种方式向飞船和火箭发送逃逸指令。因此，各种指挥、通信链路必须保持畅通。

第三，要保证航天员得到及时救助。紧急撤离前，航天员救助队员和撤离专用车辆必须在各指定位置待命。航天员救助队一般由发射场、火箭、飞船和航天员系统的相关人员组成。救助队要完成发射塔平台合拢、整流罩和轨道舱舱门打开、航天员进舱过渡梯安放、紧急撤离滑道口安全网拆除、出口缓冲垫准备、防爆电梯待命、救生药品和氧气等物品的准备工作。逃逸时，搜救队需在指定位置待命。搜救队一般由发射场、着陆场、载人飞船和航天员系统的相关人员组成。他们要完成各种指挥通信设备、空中和地面交通工具、医疗救护设备的准备工作。

3. 启动发射程序

（1） 载人飞船的发射程序

发射程序是指飞船发射工作项目及其顺序，即根据发射时要求的技术状态和检测内容，把工作项目按照时间顺序安排成一个个有先有后或并行工作的节点，并逐步完成。通常将火箭和飞船进入发射区后的工作内容全部列入发射程序。

图10–5 箭船组合体转运至发射区，标志着载人飞船发射程序的开始

发射程序是发射场实施发射组织指挥和操作的法规性技术文件，影响发射程序的主要因素有：发射任务的性质、发射对象的特性、测试发射工艺流程、测试发射控制方式、发射设施特点、发射窗口和发射条件等。

严格意义上的载人飞船发射程序从箭船组合体转运至发射区开始，如图10–5所示。主要内容包括：发射设备准备，箭船垂直整体转运、对中定位，运载火箭垂直度调整、粗瞄定向，塔架合拢工作平台，箭船温度调节，产品检查测试，全系统联合检查，运载火箭精瞄，火工品安装，在发射前1天火箭加注推进剂，随后进行临射检查，航天员进舱，最后进入2小时准备并实施发射。

(2) 火箭加注

火箭推进剂加注一般安排在发射前24小时内，根据当时的天气和加注量计算情况确定开始加注的时机。此时，运载火箭、载人飞船及其他系统均已处于待命状态。加注工作能否在规定时间内安全、准确地完成，直接影响发射程序的执行。

火箭加注与汽车加油一样，都要进行计量，区别在于火箭推进剂的加注量要十分准确。首先要准确计算加注量，其次要准确计量加注量。

推进剂的理论加注量是根据航天器的飞行轨道和对火箭运载能力的要求计算出来的。在发射场，则要根据当地的气象预报和经验公式，计算出实际状态与理论状态的差别，从而得到实际的加注量。

知识链接

操作细则有误造成重大事故

1969年10月，酒泉卫星发射中心在进行火箭检查测试时，由于操作细则有误，提前将控制系统和遥测系统的电缆插头连接，致使火箭遥测系统的磁记录回收设备启动弹出；匆忙断电时，又将一级发动机电爆管引爆，造成重大事故，任务未能如期完成。

推进剂加注量的计量，通常采用内部定量法与外部定量法相结合的方法。内部定量法是指在火箭贮箱上安装一个或几个液位传感器来测定加注量。外部定量法是指在地面加注系统中安装高精度的流量计来测定加注量。一般先用内部定量法把推进剂加注到贮箱中的某个液位（如加注量的90%～95%），然后用外部定量法精确地补加到全量。这种方法简单、可靠、精度高，因而得到广泛应用。

由于目前载人航天运载火箭采用有毒和易燃易爆的推进剂，因此，推进剂加注是一项危险性很高的工作，任何一种推进剂的泄漏都可能对人员或设备造成伤害。为了保证安全，推进剂加注要分步进行，一般的加注顺序为：一级燃料→二级燃料→助推器Ⅰ、Ⅲ燃料→助推器Ⅱ、Ⅳ燃料；一级氧化剂→二级氧化剂→助推器Ⅰ、Ⅲ氧化剂→助推器Ⅱ、Ⅳ氧化剂。在加注过程中，应使火箭贮箱压力保持在一定的范围内，并加强对推进剂泄漏情况的监测。图10－6为火箭推进剂转注、加注场景。

(3) 临射检查

像步枪射击前拉枪栓、解保险、瞄准目标一样，临射检查是航天器发射的直接准备工作。

首先，要完成火箭、飞船各分系统的功能检查。火箭、飞船起飞后，各分系统的设备需要持续工作直至完成使命，因此，必

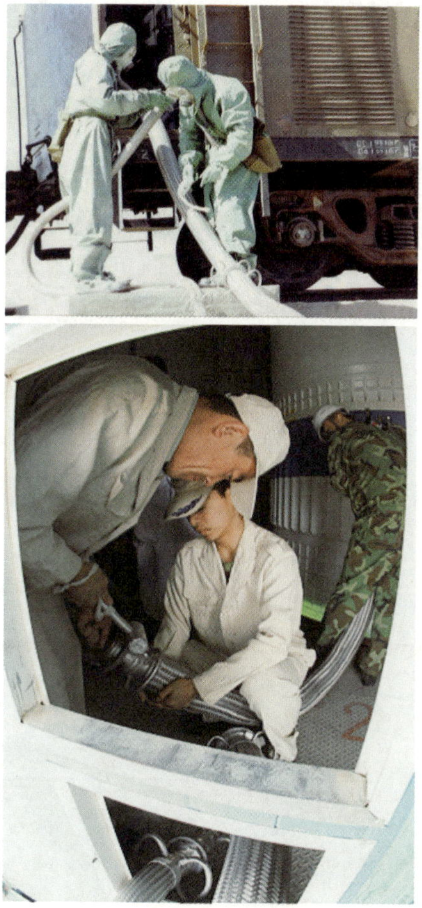

图10－6 火箭推进剂转注、加注场景

知识链接

推进剂加注量不足，导致火箭发射失败

1981年8月，美国发射德尔它运载火箭时，由于少加了118千克推进剂，导致火箭运载能力下降，所发射的两颗卫星未能进入预定轨道，造成发射失败。

知识链接

推进剂的转注与加注

推进剂转注是指将推进剂由运输车贮罐注入到库房贮罐的过程；推进剂加注是指将推进剂由库房贮罐注入到火箭贮箱的过程。

须确保各分系统在起飞前工作正常，精度合格。为此，需要安排一些必要的检查项目，考核各分系统的重要功能和精度。

其次，要完成飞船GNC分系统、火箭控制分系统、推进剂利用分系统、故障检测分系统飞行程序和各种参数的装定，以便在飞行时进行火箭关机方程、导引方程、推进剂混合比调节量、故障判断和逃逸参数的计算。

第三，要使火箭、飞船达到点火、起飞的技术状态，比如火工品连接，电池安装，贮箱增压，气管脱落，各分系统由地面供电转到船、箭自己供电，切断船、箭与地面的联系，等等。

第四，要安排航天员进舱，进行仪器、设备、天地通信检查和飞行状态准备等。

第五，要完成火箭的精确瞄准，使火箭对准射向，建立准确的发射坐标系。

第六，要完成航天员应急救生指挥决策系统的检查工作，为应急救生作好准备。

临射检查一般从火箭加注推进剂后到火箭点火前为止。在发射程序中，一般用倒计时的方式来表示其时间。倒计时是指以火箭起飞为零点，向负的时间方向计量，并以倒计时的方法安排工作。比如起飞前3小时在发射程序中记为“−3小时”，下达“3小时准备”口令表示−3小时至−90分钟之间预定的工作开始实施。这种发射程序的表达方法既清晰、准确，又具有紧迫感，可以使各系统在共同的时间段内协同工作。

各国飞船发射的临射检查内容大同小异，我国神舟号飞船的临射检查程序如图10−7所示。

图10−7 神舟号飞船临射检查程序

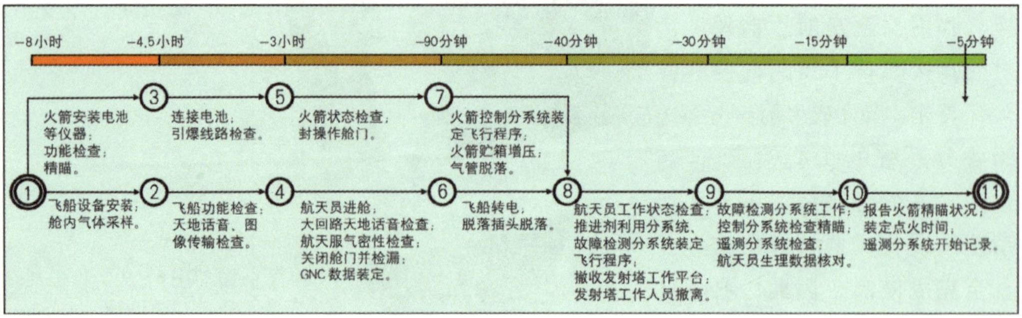

－3 小时前：运载火箭、载人飞船系统完成电池等仪器、设备安装，并完成简单的功能检查测试。

－3 小时：航天员进舱，大回路天地话音检查，航天服气密性检查，关闭舱门并检漏，GNC 数据装定。

－90 分钟：火箭控制分系统装定飞行程序，火箭贮箱增压，气管脱落。飞船转电，脱落插头脱落。

－40 分钟：航天员工作状态检查，推进剂利用分系统、故障检测分系统装定飞行程序，撤收发射塔工作平台，发射塔工作人员撤离。

－30 分钟：故障检测分系统工作，控制分系统检查精瞄，遥测分系统检查，航天员生理数据核对。

－15 分钟：报告火箭精瞄状况，装定点火时间，遥测分系统开始记录。

－5 分钟：进入自动发射程序。

图 10－8 为蓄势待发的运载火箭。

图 10–8 蓄势待发的运载火箭

（4） 航天员进舱

航天员进舱是发射程序中的一项重要工作。要求航天员进舱时间尽可能接近火箭点火时间，以降低航天员的风险；同时，又要保证航天员能从容完成火箭点火前的各项检查工作。因此，航天员进舱的时机非常讲究，过早不行，过晚也不行。

进入临射检查阶段，各种危险并存。此时，火箭加注了几百吨推进剂，飞船也加注了几百千克的推进剂，逃逸塔及各种火工品的爆炸器都已安装到位，任何意外，都可能导致灾难性的后果。因此，航天员进舱应安排在各系统状态稳定、主要功能检查已经完成之后进行。同时，航天员进舱后等待时间过久，会在心理上产生紧张情绪，排便、排尿、饮水需求也将随着时间增加而增加。因此，航天员进舱时机不能安排过早。

但是，航天员也不能过晚进舱。因为发射塔飞船舱段的工作平台要在射前40分钟撤收，因此，航天员必须在此前完成进舱工作。同时，在航天员进舱后，还要完成各种准备工作，如座舱充气、舱门气密性检查、话音通信、连接航天服管线等。过晚进舱，会使各项准备工作时间仓促，容易忙中出错。因此，各国航天员的进舱时间一般都选择在－2小时至－3小时之间。图10－9为航天员进舱。

航天员进舱后，首先在座椅上就位，进行舱内状态确认，连接通信头戴和数据传输插头，连接航天服通风软管、供氧软管，打开服装风机，进行航天服气密性检查，给座舱配气等；然后，核对生理数据，进行大回路天地话音检查，对飞船仪表板显示参数进行检查、监视；最后，调节束缚带的松紧度，准备好手持控制单元，关闭面窗，等待发射。

图10－9 航天员进舱

4. 神七发射实况

载人飞船静静地矗立在发射塔旁。距发射时间还有 1 天，适时进行火箭推进剂的加注。

倒计时 8 小时，开始进行火箭临射前的功能检查，这项工作大约需要 5 小时。

倒计时 2 小时 45 分，执行中国第三次载人航天飞行任务的航天员翟志刚、刘伯明、景海鹏，进入神舟 7 号飞船的返回舱。这是神舟号飞船第一次迎来 3 名乘员。

此时，在发射场的指挥控制中心内，巨幅电子屏幕清晰地显示着航天员在舱内的情况和各系统关键监测数据，科技人员坐在各系统显示屏前，井然有序地接收处理数以万计的测试数据。各系统总指挥和测发专家们个个全神贯注，密切注视着各系统的工作进展情况。图 10－10 为发射前的飞控大厅现场。

倒计时 1 个半小时，火箭控制分系统装定飞行程序，贮箱增压，气管脱落。

倒计时 40 分钟，发射塔工作平台打开（图 10－11）。

“各号注意，15 分钟准备！”

完成了飞天前一切准备的 3 位航天员，静静地躺在距离地

图 10－10 发射前的飞控大厅现场

图10-11 发射塔工作平台打开

面50多米高的返回舱内。

中国载人航天工程总指挥常万全拿起可视电话，深情地对3位航天员说："希望你们圆满完成此次任务，以优异的成绩向党中央、国务院和全国人民汇报！"

话筒里传来航天员翟志刚充满自信的回答："请祖国和人民放心！"

"各号注意，5分钟准备！"

3位航天员再次检查调整束缚带，关闭面窗，镇定地等待飞天时刻的到来。

"1分钟准备！"飞船与地面的联系纽带全部脱落，塔架的摆杆迅速摆开。箭船组合体屹然矗立在发射台上。

"50秒、40秒、30秒、20秒"。随着0号指挥员清晰有力的倒计时口令，所有人都屏住了呼吸。

"10、9、8、7、6、5、4、3、2、1，点火——！"

一股橘红色的火焰从长征2F火箭底部猛地喷射出来，那股蓄积的力量——604吨的巨大推力开始托着火箭徐徐升起。

火箭底部喷出的烈焰，在几秒钟内就将导流槽中数百吨水变为蒸汽。烈焰与蒸汽被压迫着从左右两侧的槽口喷涌而出，随即如同巨大的蘑菇云腾空而起。长达数十米的烈焰，一刹那将整个戈壁辉映得如同白昼。图10-12为火箭起飞瞬间。

长征2F火箭开始了它的第七次飞行。

飞翔！飞翔！火箭加速上升，一束炫目的金色火光划破墨蓝色的天幕，轰鸣声渐高渐远……

飞行第12秒，按照程序，高速飞行的火箭向着东南方向微微转了一个弯。

越飞越快、越飞越远的火箭，渐渐成了夜幕中的一个亮点。

"火箭飞行正常！"

"跟踪正常！"

图10–12 火箭起飞瞬间

“遥测信号正常！”

广播里，好消息一个接一个传来——

第120秒，“逃逸塔分离”——这意味着火箭和飞船越过了最为危险的上升段前两分钟。

第138秒，“助推器分离”——火箭进入52千米高空，捆绑在箭体上的4个助推器完成了使命。

第159秒，“一、二级分离”——在飞过大气层平流层和中间层之后，火箭一子级自动脱离，二子级就要和飞船一起接近大气层的边缘。

第198秒，“整流罩分离”——火箭已经飞出稠密大气层，神舟7号在太空中露出自己的真面目——飞船不再需要整流罩的保护了……

第578秒，火箭将飞船送入近地点200千米、远地点350千米的椭圆轨道。

在短短的10分钟时间内，翟志刚和他的两名战友体会到了从超重到失重的全过程。几分钟的时间是如此漫长，又是如此短暂。

“船箭分离！”当0号指挥员再次大声报出这一喜讯时，飞船外安装的摄像头也准确地捕捉到了这一场景，指挥大厅大屏幕上传来的这一图像也让凝固的空气一下子沸腾起来。

图10－13为运载火箭的典型飞行程序。

21时26分许，远在太平洋的远望5号测量船捕获到了飞船信息，飞船的舱内图像开始清晰地展现在指控中心的大屏幕上。

3位航天员表情沉稳。翟志刚报告：“神舟7号感觉良好！”

21时33分，中国载人航天工程总指挥常万全宣布：“神舟7号飞船已经进入预定轨道，发射取得圆满成功！”

欢笑声和爆竹声回荡在戈壁滩的夜空，酒泉卫星发射中心变成了不夜城。

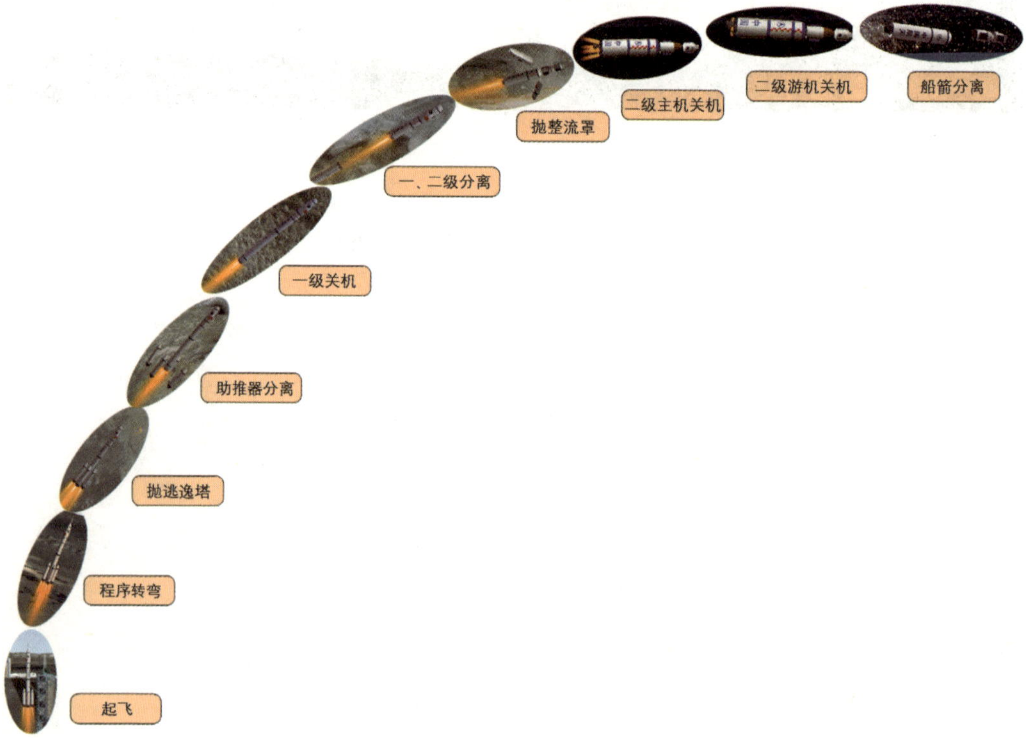

图10－13 运载火箭的典型飞行程序

第十一章

他山之石

—— 国外著名航天发射场集萃

国外的航天发射场各具特色，拜科努尔航天发射场无与伦比的庞大规模、肯尼迪航天中心不遗余力的技术创新、圭亚那航天中心得天独厚的地理位置、种子岛航天中心精雕细琢的发射设施、萨迪什·达万航天中心雄心勃勃的发展计划，都给人留下了深刻的印象。

它们的发射技术和发展经验，将给我国航天发射场的建设带来有益的启迪。

1. 俄罗斯的拜科努尔航天发射场

（1） 无与伦比的庞大规模

拜科努尔航天发射场也称丘拉塔姆发射场，位于哈萨克斯坦锡尔河畔丘拉塔姆以北地区。该发射场始建于1955年，面积约6 717平方千米，是苏联／俄罗斯最大的航天器发射场和导弹试验基地，也是苏联／俄罗斯唯一的载人航天器发射场。其主要任务是发射飞船、空间站、卫星、月球探测器和行星探测器，同时进行各种导弹和运载火箭的发射试验，以及拦截卫星和部分轨道轰炸系统的试验。现由俄罗斯向哈萨克斯坦租用，隶属于俄罗斯武装力量航天部队。

拜科努尔发射场中心坐标为东经63.4°，北纬45.6°，大约在咸海以东约150千米、拜科努尔市西南约288千米处。从该发射场向东南方向发射时，可把航天器送入轨道倾角为52°~65°的轨道。该发射场海拔约90米，地势开阔平坦，属于半沙漠草原地区，周围是一片茫茫戈壁，无村落和居民。该地区属大陆性气候，夏季酷热，雨量稀少；冬季严寒，时常有暴风雪，最大风速25~30米／秒。

拜科努尔发射场区的布局呈“Y”形（图11－1）。“Y”形的两臂分布着发射区和技术区，发射区分为中心区、东区和西区，

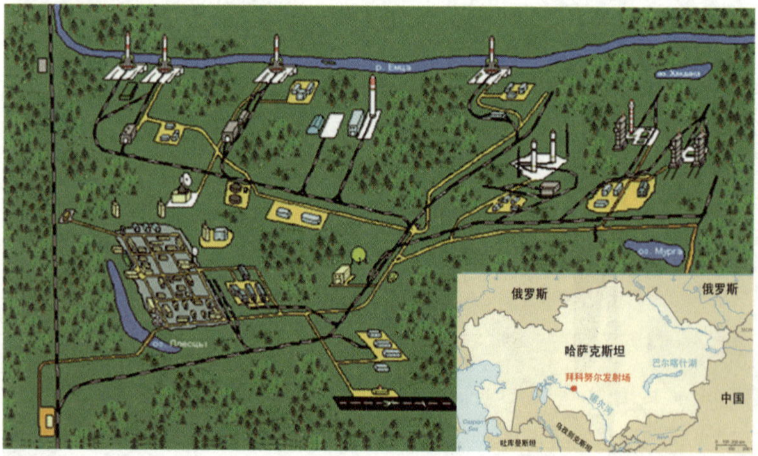

图11－1 拜科努尔发射场总体分布图

用于载人航天、大型运载火箭和航天飞机的发射。

载人航天器发射区是该发射场最具代表性的发射区，主要设施包括：2 个联盟号运载火箭发射工位和 2 个天顶号运载火箭发射工位。联盟号运载火箭发射工位也叫加加林发射台，建于1955 年。苏联的第一颗人造卫星、第一艘载人飞船（图11–2）均在此发射升空。目前主要利用联盟号运载火箭发射联盟TMA载人飞船和进步M1 号货运飞船。天顶号运载火箭发射工位及技术区自动化程度很高，在国际航天界久负盛名，是俄罗斯对外民用航天发射的主要代表。

图11–2 苏联第一艘载人飞船的返回舱（上）

图11–3 联盟号运载火箭发射工位（下）

联盟号运载火箭发射工位（图11–3）的勤务塔为倾倒式，在发射前，塔架分为两部分向后倾倒。此外，还有4 个倾倒式支撑臂，平时支撑着运载火箭和飞船矗立在发射台上，火箭起飞时，支撑臂向后倾倒。塔架高57 米，有8 层工作平台和两部电梯。运载火箭与飞船在技术区水平组装后由轨道起竖车运至发射台，并整体起竖于发射台上。图11–4 为东方号运载火箭发射东方号飞船时点火发射的情形。

大型运载火箭发射区负责发射质子号、旋风号运载火箭，是空间站和大型应用卫星的重要发射场。主要设施包括：4 个质子号运载火箭发射工位和2 个旋风号运载火箭发射工位。礼炮号空间站，和平号空间站核心舱，与和平号空间站核心舱对接的舱体，以及地平线号、荧光屏号地球同步通信卫星，格罗纳斯导航卫星，波束号中继卫星等均在此发射。

图11–4 东方号运载火箭点火发射

航天飞机发射区也称超重型航天器发射区，主要设施包括：能源号装配测试厂房，能源号–暴风雪号技术区、试车台、发射工位等。其中能源号运载火箭装配测试厂房高48 米，长240 米，宽192 米，由钢结构建成。厂房内可进行温度、湿度控制，洁净度很高，设有400吨桁车。暴风雪号航天飞机发射区有3个发射工位，2号、3号发射工位相距600米，其中一个由发射登月航天器的工位改建而成。每个工位有固定塔架两座，可转动塔架一座。固定塔架布置在发射台两侧，高64米，其中一座用于上人，另一座用于运载火箭加注。可转动塔架主要用于航天飞机加注。固定塔架旁设有两条通道，一条是上塔道，内装有链传动车，设有座椅，可将人员送往35米高处。下塔道为滑梯式逃逸管道，当塔架上发生紧急情况时，航天员可以通过逃逸管道滑入地下掩体。1号发射工位与2号、3号发射工位不同，它只有一个固定式勤务塔和一个深40米的大型单面导流槽。

发射区西面是航天飞机着陆场，也称纪念日机场，为暴风雪号航天飞机的主降落场（在远东和克里米亚另有备用降落场）。降落场长5千米，宽83米，场内跑道极为平坦，不平度为每10米有2毫米的高低偏差（不考虑地球曲率）。1988年发射的暴风雪号航天飞机就在此着陆。

（2） 功能齐全的水平整体准备模式

在当今世界争相发展先进的“三垂”发射技术时，拜科努尔依然“停留”在较早的水平整体准备模式阶段：火箭进入测试厂房后，置于运输起竖车上，在水平状态下进行装配、对接、测试。由于火箭的核心控制设备是直接装在火箭结构上的陀螺传感器而不是惯性平台，不用担心火箭倾倒对部件的影响，所以火箭在水平状态下测试完毕后，被直接推出厂房，由运输起竖车运抵发射区（图11-5），整体起竖于发射台上（图11-6）。运输起竖车比吊车起竖要安全、可靠得多，不用担心在起竖过程中改变火箭的技术状态。运

图11－5 水平整体运输

图11-6　整体起竖

输起竖车是拜科努尔先进技术的显著标志。

由于在技术区准备充分，火箭与飞船在发射工位的有效工作时间只需要14个小时，主要进行简单的接通电路、管路检查和综合测试，发射前8小时开始加注推进剂，发射前2小时航天员进舱。最短1天之内就可以进行发射，最长也不会超过3天。因此，俄罗斯的水平整体准备模式仍不失为当今世界航天发射的先进技术之一。

苏联在其早期的航天计划中曾多次蒙受重大挫折和损失，最严重的一次是竖立在发射台上的火箭突然爆炸，战略火箭部队司令涅杰林元帅和一百多名技术人员当场遇难。苏联／俄罗斯从这次灾难性事故中吸取了教训，加强了安全性、可靠性设计，改进了现场管理，广泛采用了自动化技术和冗余技术，在以后的航天发射中取得了极高的成功率，奠定了其世界一流航天发射场的地位。

苏联／俄罗斯以独立封闭的方式发展航天事业，没有采用国际通用标准，很多设备（如地面测控设备、通信设备、计算机等）与国际上的通用设备不能兼容。尽管如此，拜科努尔发射场一如既往地依靠其大型液压控制技术独树一帜，其水平整体准备模式设施齐全、功能完备、技术可靠、操作简便，不仅创造了世界航天的神话，也令拜科努尔航天发射场无可争议地保持着世界航天发射技术的国际先进水平。

（3） 功勋卓著的发射业绩

作为苏联／俄罗斯规模最大的航天发射场，拜科努尔的发射业绩几乎与它的规模一样，无与伦比。苏联／俄罗斯几乎所有重大航天发射项目都在这里完成，人类航天历史上的许多“第一”也都与拜科努尔有关：1957年10月4日，这里升起了人类历史上第一颗人造地球卫星；1961年4月12日，人类第一位航

图11-7 人类第一位航天员加加林

图11-8 暴风雪号航天飞机

天员加加林（图11-7）从这里飞向太空；1974年4月19日，这里发射了苏联第一个空间站——礼炮1号；1986年2月20日，世界上第一个多模块组合的空间站和平号复合体的核心舱从这里发射升空。1988年11月15日，苏联第一架航天飞机暴风雪号（图11-8）在这里发射成功，3个小时后，安然降落在拜科努尔着陆场，着陆误差仅为1米。它使苏联成为继美国之后世界上第二个成功发射航天飞机的国家。

和平号空间站（图11-9）畅游太空15年，其间拜科努尔发射了上百艘载人飞船和货运飞船与之对接，将12个国家的100多位航天员相继送上太空，创造了苏联／俄罗斯航天事业空前的辉煌。2001年和平号空间站坠毁后，俄罗斯虽然不再发射自己单独的空间站，但拜科努尔发射场依然是保证国际空间站正常运行的重要航天港，每年大约进行10次支持国际空间站的发射。2003年初，美国哥伦比亚号航天飞机坠毁而使航天飞机发射受挫后，拜科努尔便成为世界上主要支持国际空间站正常运

转的航天发射场。

拜科努尔至今已经完成了1 000多次航天发射任务。功勋卓著的发射业绩让拜科努尔永远铭刻在世界航天史的丰碑上，令世人瞩目。尽管后来俄罗斯又在国内新建了其他航天发射场，但直到今天，拜科努尔航天发射场仍然是俄罗斯航天事业的擎天支柱，不论是发射次数，还是发射频率，都处于世界领先水平。2001年4月28日，第一位太空游客——美国富翁蒂托搭乘联盟TM－31号飞船从拜科努尔升空，无疑又给拜科努尔航天发射场增添了一道亮丽的光环，使它成为普通人实现飞天梦想的地方。图11－10为拜科努尔航天发射场一角。

图11－9 和平号空间站

图11－10 拜科努尔航天发射场一角

2．美国的肯尼迪航天中心

肯尼迪航天中心（图11－11、图11－12）隶属于美国航空航天局，位于佛罗里达州东海岸的梅里特岛－卡纳维拉尔角北区，总面积约567平方千米，中心坐标西经80°42′，北纬28°30′。1969年7月16日，首次实现人类登月的阿波罗11号载人飞船由土星－5火箭从这里发射升空。后经改造，这里建成了航天飞机发射中心，目前是美国最大的载人航天发射基地。

1962年，美国航空航天局购置了与卡纳维拉尔角空军基地相邻的梅里特岛以及空军基地的北区。1962年7月，将该区域称为“发射操作中心”。1963年，为纪念肯尼迪总统，将“发射操作中心”更名为“肯尼迪航天中心”，该名称一直沿用至今。中心建造工程始于1962年11月。1965年6月，垂直总装测试厂房建造完毕；同年10月，39A和39B两个发射工位建造完毕；其他基础设施则于1966年下半年建成。中心主要设施有垂直总装测试厂房（航天飞机装配检验站）、发射控制中心、39A和39B发射工位、活动发射平台及其履带式运输车、固定勤务塔、旋转勤务塔、推进剂库房和加注设施、监测设施、轨道器着陆设施与跑道、轨道器处理设施、固体火箭助推器处理设施等。工业区有各种地面试验设施、数据处理中心、航天员训练设施和各种辅助设施。

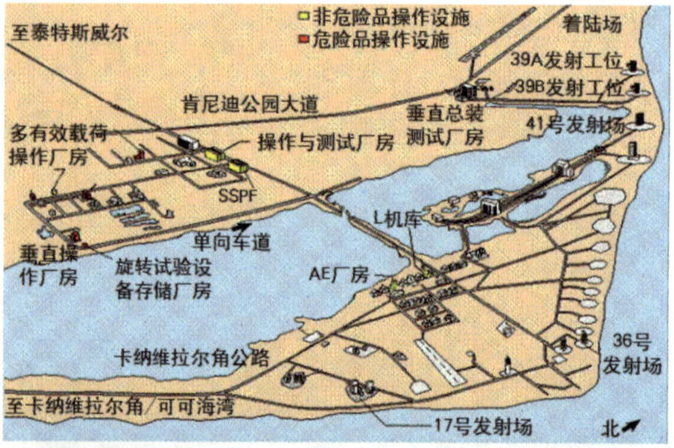

图11－11 肯尼迪航天中心布局图（上）

图11－12 肯尼迪航天中心鸟瞰图（下）

（1）体积庞大的发射设施

肯尼迪航天中心最核心的部分就是垂直总装测试厂房（图11－13、图11－14），它是一座具有抗飓风能力的巨形全钢结构建筑，主要用于轨道器的分级

图11－13 垂直总装测试厂房外观

和整体装配与测试。整个建筑物高160米，长219米，宽158米，是全世界最高大的垂直总装测试厂房。其中高跨区厂房用来验收、装配和测试运载火箭，将火箭和航天器对接。垂直总装测试厂房共有4 个垂直总装车间，2部吊重250吨、吊高140 米的大型桥吊，每部桥吊均可横跨2 个车间，每个车间都可以适应目前任何类型火箭与航天器的垂直整体总装测试要求。低跨区厂房用来验收、组装和测试运载火箭的各子级和航天器，有8个装配测试车间。高跨区和低跨区厂房之间有专门的通道，上面装有1 部吊重175吨、吊高50 米的大型桥吊，可以纵向全程跨越高、低跨区厂房。产品测

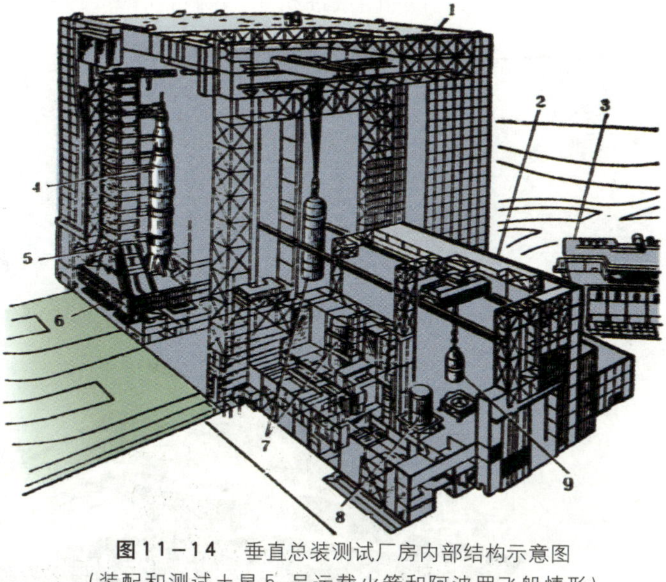

图11－14 垂直总装测试厂房内部结构示意图
（装配和测试土星5 号运载火箭和阿波罗飞船情形）
1－高跨区厂房（高厂房）；2－低跨区厂房（低厂房）；3－指挥大楼；
4－火箭和航天器组合体；5－脐带塔；6－履带式运输车；
7－运载火箭的各子级（其中一级正在检验，另一级正在吊运）；8－仪器舱；
9－头部（航天器）

试完毕后，直接通过高、低厂房之间的大型桥吊吊往高跨区厂房与第一级对接，十分方便。整个厂房可同时对4 枚运载火箭进行总装测试，具有很强的应急发射和连续发射能力。

履带式运输车（图11－15）是肯尼迪航天中心的另一钢铁巨人，用于驮运活动发射平台，在发射区、停放场和垂直总装测试厂房之间移动。履带式运输车从1963 年开始研制，历时4年，耗资1 369 万美元研制成功，是目前世界上最大的运输车。车长41.2 米、宽34.7 米，是一个由平台、底盘、液压系统、推进系统和动力系统组成的庞大盒形钢结构。车架为封闭式，人员通过升降口进出，车身内部有照明和空气调节系统。底盘每端各设一个驾驶室，成对角线布置。每个角上方设有一个液压千斤顶，用以提升和放下载荷，同时配有单独的液压伺服系统，可以控制上下活动，以便调整其上面的物体，使其保持水平状态。履带式运输车动力装置是用两台2 050 千瓦的柴油机带动4台1 000 千瓦的发电机，驱动16 台牵引电动机，另外用两部795千瓦的柴油机带动两台750 千瓦的发电机给调平、起重和转弯

图11－15 驮运航天飞机和活动发射平台的履带式运输车

系统提供动力。履带式运输车自重2 720吨，驮运能力在5 450吨以上，可以轻松地将一座活动发射平台连同航天飞机一起驮运，以1.6千米/小时的速度运行。为承载如此沉重的庞然大物，肯尼迪航天中心在垂直厂房和发射塔之间铺设了专用公路。

肯尼迪航天中心的活动发射平台和勤务塔（由固定勤务塔和旋转勤务塔组成，图11－16）也是航天发射设施中的两个庞然大物。

活动发射平台主要用于支撑、装配、测试和发射飞行器。活动发射平台分为两层，均为钢结构，有20多个操作间，主要包括机械设备间、操作支援间、通信电视间和其他设备间。活动发射平台空载重量为4 190吨，载有未加注推进剂的航天飞机时重量为5 450吨，载有已加注推进剂的航天飞机时重量为6 220吨。活动发射平台具有双重作用：在航天飞机垂直总装测试厂房内，它作为一个装配平台，航天飞机竖立其上进行装配和测试；同时它也是航天飞机的发射平台。航天飞机在垂直总装测试厂房内装配测试完毕后，履带式运输车便把活动发射平台连同航天飞机一起驮运到发射区，固定在发射台台面上，进行推进剂加注、射前检查、点火和发射。肯尼迪中心共有3个活动发射平台，平时停放在航天飞机垂直总装测试厂房附近的停放场上，执行任务时被运到航天飞机垂直总装测试厂房内。

固定勤务塔高104.1米，设有12层工作平台，每层高约6米。安装在固定勤务塔上的3个摆臂可以为在发射工位上的航天飞机提供服务通道。在固定勤务塔的塔顶，有一个约24米高的绝缘玻璃纤维避雷杆，避雷杆直径约1.5米，顶部装有一根1.22米的避雷针，与避雷线相连。

在固定勤务塔的一侧建有旋转勤务塔。旋转勤务塔长31米，宽15.2米，高39.5米，其铰链架设在发射台台面上，并与固定勤务塔连接。旋转勤务塔依靠电机驱动的轮子，可以沿着环

图11－16 勤务塔

图11–17 阿波罗飞船登月

形轨道在半径36.6米的圆弧上旋转120°。旋转勤务塔主要用于提供进入轨道器的通道，并以垂直方式进行有效载荷的安装和操作，以及对轨道器其他系统进行操作。

自1967年11月9日，第一枚土星－5火箭发射阿波罗4号无人飞船起，肯尼迪航天中心就无可置疑地成为了美国引领世界航天发射技术的先锋。从1967年～1975年，肯尼迪航天中心发射了多枚土星－5和土星－1B火箭，将多艘阿波罗飞船和一座天空实验室送入太空。1981年4月12日，哥伦比亚号航天飞机从39号发射工位发射升空，这是肯尼迪航天中心进行的首次航天飞机发射。虽然后来发生过挑战者号和哥伦比亚号航天飞机的悲剧性事故，但它依然在不断创新中向前迈进。肯尼迪航天中心不仅是美国航空航天局发射载人航天器的重要基地，更是其探索太空和征服宇宙的梦工厂。图11－17为阿波罗飞船登月的情形。

（2）“三垂”模式的创始者

从20世纪50年代，苏联第一颗人造地球卫星划破天际开始，航天技术就成为一个国家兴旺发达的标志，更是国与国之间高技术竞争的主要领域。作为世界上第二个发射人造卫星的国家，美国不仅要争夺世界航天发射数量的第一，而且要在航天技术的创新上努力争先。

图11-18 垂直吊装

从1950年发射第一枚火箭起，美国就一直不遗余力地更新其航天技术与设施。阿波罗登月飞船和航天飞机的发射，成就了肯尼迪航天中心的领先地位。

以往火箭、航天器的装配、测试、转运都是在水平状态下进行，发射之前还要将火箭、航天器进行起竖、对接，并再次进行测试，耗时长，效率低，可靠性差。随着航天器日益庞大、复杂，测试项目不断增多，一次发射，往往需要几个月时间，不仅使发射场利用率降低，而且发射台的连续发射能力也受到很大影响。

面对20世纪60年代激烈的苏美战略竞争形势，美国在肯

图11-19 垂直转运

尼迪航天中心率先开创了“垂直整体总装、垂直整体测试、垂直整体转运”的“三垂”模式，进行了大规模的创新设计，建设了庞大的垂直总装测试厂房、先进的履带式运输车及活动发射平台。测试好的火箭、航天器组合体一起运往发射区，在发射区只进行推进剂加注和必要的射前检测就实施发射，可靠性高，安全性好，大大缩短了发射台占位时间，提高了发射频率和应急发射能力。此后，法国、中国、日本等国家都先后采用了“三垂”模式。图11－18、图11－19为垂直吊装、垂直转运的情形。

知识链接

范登堡空军基地的“固定式准备法”

位于美国西海岸的范登堡空军基地6号发射场（原大力神3M火箭发射场）曾被美国空军改建成发射军用航天飞机的发射场。美国空军采用“固定式准备法”组装航天飞机，只改造活动勤务塔和建造新的有效载荷准备厂房，并没有对组装过程中的航天飞机采取可以抑制恶劣天气的保护措施。而肯尼迪航天中心的航天飞机操作过程使得美国空军重新规划6号发射场的设计方案，并建造了一个新的活动装配大楼。

与肯尼迪航天中心“三垂”模式有很大区别的“固定式准备法”使用固定脐带塔、固定发射台和活动装配大楼、活动勤务塔等大型设施。在固定发射台两侧分别是可以沿铁轨运行的活动装配大楼和活动勤务塔。两者沿轨道相互靠拢，在固定发射台位置前后对边啮合，形成一个封闭的垂直组装、测试环境。

活动勤务塔高83米，装有200吨桥吊，自重4 000吨，利用其自带的液压电动机驱动装置在铁轨上运行。塔上有根据航天飞机轨道器形态制造的多层工作平台，可为轨道器供气、供电和加注推进剂。

活动装配大楼高77米、宽50米、长53米，装有125吨桥吊，可以与活动勤务塔的桥吊同时协力作业。大楼自重3 000吨，与活动勤务塔一样，自带液压电动机驱动装置，在铁轨上运行。

此外，6号发射场又利用拆除原大力神3M勤务塔的700多吨钢材建造了一个小型固定勤务塔，安置在发射台的外侧。塔上设有登机臂，作为工作人员和航天员进出轨道器的通道，在发射前的最后瞬间快速摆动、撤收。

航天飞机组装时，首先由自动胶轮运输车依次将两个固体助推器从厂房垂直运至固定发射台处；接着利用活动勤务塔的桥吊，依次将固体助推器吊装到固定发射台上；然后将外挂贮箱水平运来，由活动装配大楼与活动勤务塔的两部桥吊同时协力起竖，将外挂贮箱垂直安装于两个固体助推器中间；最后，再将轨道器水平运来，由上述两部桥吊起竖，并将其与外

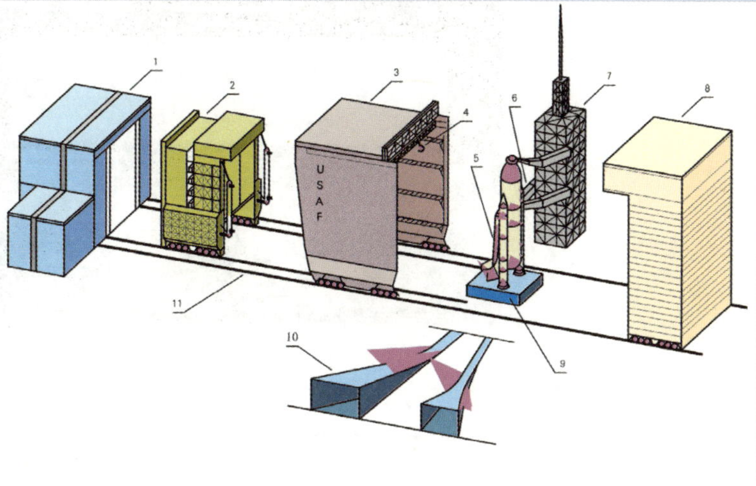

范登堡空军基地航天飞机发射场示意图
1—有效载荷准备厂房；2—有效载荷转接间；3—活动装配大楼；4—桥式吊车；5—航天飞机；6—登机臂；7—小型固定脐带塔；8—活动勤务塔；9—固定发射台；10—导流槽（连导流管）；11—轨道

挂贮箱连接。

外挂贮箱和轨道器的起竖及连接过程十分复杂，由一个活动的有效载荷转接间配合完成。转接间重3 000吨，高52米，自带液压电动机驱动装置，可以在铁轨上运行。它的结构很特殊，面向发射台的一侧形如一个小型勤务塔，用于配合外挂贮箱和轨道器的起竖及装配作业，以及将有效载荷装入轨道器货舱；背向发射台的一侧可以与有效载荷准备厂房对接。

有效载荷准备厂房是固定于地面的封闭厂房，有3个有效载荷室，可以提供洁净的室内环境，用于有效载荷的装配和测试。有效载荷准备好后，通过特殊的桥式装卸系统从准备厂房吊升、运往转接间，之后转接间开进到发射台前，通过转接间将有效载荷装入轨道器货舱。

范登堡空军基地所处地理位置可向西发射，发射方位角为140°～121°，轨道倾角为56°～104°，向西南可进行极轨道发射，弥补了肯尼迪航天中心只能向东发射的不足。航区往西或西南延伸，跨过太平洋，避开了人口稠密区和工业城市，测量和监控环境好，测量、跟踪站设在加利福尼亚州海岸、夏威夷及太平洋诸岛上。

范登堡空军基地6号发射场因存在较大的技术和安全问题，无法支持航天飞机的发射任务，至今尚未启用。但是，它所采用的发射技术却为世界航天事业的发展提供了很好的借鉴。

（3）功能完备的自动化指挥系统

肯尼迪航天中心是世界上第一个采用远距离自动化控制发射技术的发射场，其发射控制中心代表了世界航天自动化指挥的最高水平。

发射控制中心（图11－20）是一栋长110米、宽46米、高23.2米的四层建筑，位于垂直总装测试厂房的东南方向，与垂

图11-20 发射控制中心的指挥控制大厅

直总装测试厂房由一条48米长的封闭桥式通廊连接，距发射台5.6千米。发射控制中心设有3个独立的发射控制室和一个备用发射控制室，每个控制室都安装了多组计算机设备，每组计算机都控制着不同的操作程序，如推进剂加注、危险气体监测、有效载荷操作、导航设备和通信设备的操作等。

肯尼迪航天中心对航天飞机组装、测试和发射过程进行监控的系统称为发射操作系统，其主要特点包括：①自动化程度高；②标准化和模块化的硬件和软件；③操作控制台具备通用性、多用途和高密度等特点；④采用与测试工艺相关的应用编程语言；⑤能快速获取有关的计划和技术信息。

发射操作系统包括3个主要的分系统：测试控制与监视分系统、航天飞机数据中心分系统以及数据记录与回放分系统。在组装和测试过程中，发射操作系统与固体助推器、外贮箱、轨道器主发动机及轨道器其他分系统相连接。此外，还通过硬件接口模块对地面保障设备进行监测。发射操作系统主要进行实时数据分析和信息显示，保障航天飞机地面操作测试数据和工程文件的有效检索。在出现异常情况时，将自动向系统操作人员发出警报，以便使问题得到及时解决。

此外，发射控制中心还有先进的气象预报系统，能够及时提供狂风、闪电和大雨警报，作出毒性推进剂和放射性材料的扩散预报，为发射任务提供准确的气象服务。

一流的自动化指挥系统成就了肯尼迪航天中心一流的工作质量和超高的工作效率。纷繁复杂的航天飞机，通常在一两个月内就可以发射上天。

（4） 名垂青史的航天飞机起降场

提起肯尼迪航天中心，大家都会不约而同地想到航天飞机发射的壮观景象。而提起航天飞机，人们也会同样想到肯尼迪航天中心。当俄罗斯唯一的一架航天飞机因为财力物力等原因只进行了一次无人状态飞行试验就被搁浅后，航天飞机就成了美国领先和称霸世界航天领域的最大资本。欧洲空间局也曾有过研制航天飞机的计划，但却一直未能付诸实施。

1972 年 12 月 19 日，随着最后一艘登月飞船——阿波罗 17 号溅落太平洋，美国历时 11 年、耗资 250 亿美元的阿波罗登月工程宣告结束。为阿波罗登月工程专门建造的发射场不久被改造成航天飞机发射场。从 1981 年人类第一架航天飞机哥伦比亚号升空起，肯尼迪航天中心便随着航天飞机的一次次发射（图 11－21），铭刻进人们的心中。肯尼迪航天中心是目前唯一在用的航天飞机发射场，哥伦比亚号、挑战者号、发现号、阿特兰

图 11－21 航天飞机发射

图 11－22 航天飞机降落

蒂斯号和奋进号航天飞机均在这里发射。另外，肯尼迪航天中心还建有专门的航天飞机着陆场，实现了航天飞机发射、回收一体化。除去有限的几次因气象原因降落备份机场外，航天飞机返回时都在肯尼迪航天中心降落（图 11－22）。

几十年来，航天飞机一直作为美国的主要载人航天器兼运载器，为人类进入太空提供了便捷有利的条件。尽管 1986 年挑战者号升空时爆炸、2003 年哥伦比亚号返回时在再入大气层过程中解体，航天飞机存在着重大的安全隐患和沉重的经济负担，将在完成建设国际空间站的任务后退出历史舞台，但人们并没有因此而否定航天飞机所取得的辉煌技术成就。航天飞机必将在人类通向宇宙的事业中名垂青史。

3. 法国及欧空局的圭亚那航天中心

（1） 优越的发射环境

圭亚那航天中心（图 11－23），1968 年建成，位于南美洲北部，大西洋海岸的法属圭亚那库鲁地区，所以人们习惯称之为“库鲁发射场”。地理坐标为西经 52° 46′，北纬 5° 14′，占地面积约 1 000 平方千米。隶属于法国空间研究中心，现与欧洲空间局共用，其主要任务是负责科学卫星、应用卫星和探空火箭的发射。

圭亚那航天中心优越的地理位置是其他任何国家的航天发射场都望尘莫及的。

首先，是纬度低。库鲁地处北纬 5° 14′，邻近地球赤道，可以更多地利用地球自转的速度，使火箭运载能力得到提高，火箭三级工作段不用二次点火就可以达到入轨点，从而简化

图11–23 圭亚那航天中心

了运载火箭飞行程序的设计和发射段地面测控站的布站，大大增加了可靠性和有效载荷的在轨工作寿命。

其次，是射向宽。圭亚那航天中心北面和东面濒临大西洋，具有从−10.5°～93.5°的发射射向范围，能够满足向东发射地球同步轨道及向北或北偏西发射极地轨道或太阳同步轨道航天器的需求。

其三，无台风地震，地质结构稳定，发射条件容易满足。比起肯尼迪航天中心动辄雷雨交加的气象条件来说，濒临大西洋的圭亚那航天中心却经常处于风和日丽之中，风速不超过20米／秒，全年平均气温27℃，发射任务几乎不受气候制约。

另外，库鲁地区交通便利，人口稀少，91 000平方千米的土地上只居住着18万人口，森林覆盖面积占95%，射向正面陆地区域小，几乎无人居住，不需要做人员疏散工作。

中心公路与国家公路网连成一片，路面平整。水路便捷，附近港口可停泊万吨级货轮。机场可起降大型运输机。圭亚那航天中心发射的火箭主要依靠水路自欧洲运抵发射场，有效载荷通过飞机自世界各地运到卡宴机场，然后经公路转运至发射场。

库鲁是航天发射得天独厚的理想环境，是世界上最适于发射地球同步轨道卫星的地方，占尽天时地利，是法国从世界各地14个备选发射地域中筛选出来的风水宝地。

（2） 改进的“三垂一远”发射技术

自从美国肯尼迪航天中心采用“三垂”发射技术以来，一些着力发展航天的国家或组织都在发展“三垂”发射技术， 圭亚那航天中心也不例外。

圭亚那航天中心共拥有三个综合发射场。其中第一综合发射场建于1979年，主要发射阿里安–1、阿里安–2和阿里安–3火箭，年发射能力4枚，共进行了25次发射，现已退役。第二综合发射场建于1985年，主要发射阿里安–3和阿里安–4火箭，年发射能力8～10枚。1996年， 圭亚那航天中心为了进一步开拓其商业市场，在综合当时国际先进航天技术的基础上，建成了专门供重型阿里安–5火箭发射商业卫星及其他航天器的第三综合发射场。该发射场充分利用地理环境优势，创新地采用了简化的“三垂”工艺流程。图11－24为圭亚那航天中心布局示意图。

简化的活动发射台较为轻便，上面不带脐带塔，只装有简化的脐带杆，高58米，其上配有与火箭液压和电气系统连接的终端设备。发射时脱落插头电缆的回收不使用电缆摆杆，而采用软连接的回收装置。整个发射台满载时重1 500吨，在轨道上运行，用于火箭垂直组装、星箭最后垂直总装和在发射区测试发射过程中支撑、运输火箭。火箭和航天器测试完毕后，活动发射台将其整体转运至发射区，从而使得火箭在发射区的测试准备工作非常简单，只进行加注就可进入

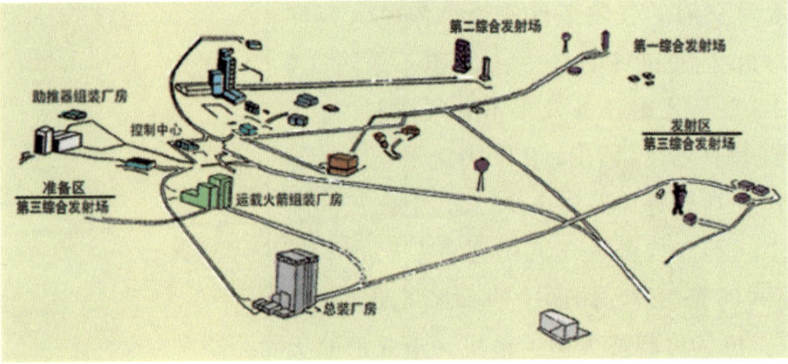

图11—24 圭亚那航天中心布局示意图

图11–25 发射区

最终倒计时程序，发射准备时间只有 8 ~10 小时。发射区（图 11–25）的发射设施也因此简化到最少程度，只由一个混凝土发射台基座、一个混凝土加注塔、一个前置设备间、四个避雷塔、一个水塔和一个氢气燃烧池组成，大大降低了出现事故时对发射场的损坏程度。

圭亚那航天中心没有像肯尼迪航天中心那样，采用庞大的多工位规模，而是将火箭组装厂房和总装测试厂房分开。

火箭组装厂房（图 11–26、图 11–27）是一个长 127 米、宽 31 米、高 58 米的钢结构建筑，分为转载间、起竖大厅和组装大

图11–26 火箭组装厂房外观（左）

图11–27 火箭组装厂房内部结构（右）

图 11—28 垂直整体转运

厅三部分。从欧洲用集装箱船运来的阿里安－5 火箭的低温级、仪器舱和上面级在转载间存放。执行任务时，把低温级起竖到活动发射平台上，并将其与仪器舱、上面级对接在一起。测试检查完毕后，将固体助推器捆绑在低温级上。组装好后，火箭连同活动发射平台一起被运往总装测试厂房。

总装测试厂房高 83 米，用来吊装有效载荷、安装整流罩，给上面级加注推进剂和进行技术区最后的电气测试。厂房的上层是对接有效载荷用的洁净间，洁净度为 10 万级；下层是放置运载火箭和活动发射平台的大厅。火箭和航天器在这里完成所有的对接和联合测试工作，火箭预计点火前 10 小时转往发射区（图 11—28）。

这种火箭组装厂房和总装测试厂房分开的模式，不但投资小，而且火箭各个阶段的测试不影响总装，可同时容纳 4 颗卫星和两枚火箭的发射准备。

圭亚那航天中心的远距离发射控制中心也独具特色，一部分是地面上未加固的办公室和计算机房；另一部分是两个加固的独立测试间，由四个分系统组成，用于对地面、箭上的电气、液压过程进行监控。其中勤务保障检测系统用于远距离监控发射场的配电、空调、火警及有毒、有害气体，这一部分与火箭系统相对独立，但同活动发射平台和发射场的每个建筑物都有联系，管理人员通过几个控制台实行监控；程序检测系统有两套独立的、相互备份的系统，可用于起飞前监测火箭推进剂和电气系统及相应的箭－地接口，每套系统都有一个专用控制间（图 11－29），同各自的活动发射平台相连，这样可以同时监测两枚火箭（一枚在总装测试厂房，另一枚在发射区）。

圭亚那航天中心因为纬度低，发射地球同步轨道卫星所需的测控支持相对简单。东射向航区只布了 5 个测控站，分别位于库鲁、巴西的纳塔尔、英国的阿森松岛、加蓬的利伯维尔和肯尼亚的马林迪，其中马林迪测控站作为卫星入轨站。其测控系统以雷测（雷测指用雷达测量火箭和卫星飞行的轨迹）和遥测为主，雷测采用 C 波段，遥测采用 S 波段和 Ku 波段。光学测量采用红外自动跟踪经纬仪，一台布置在距离发射场 15 千米的

图11—29 专用控制间

罗亚勒岛，另外还有活动站，根据不同任务灵活布设。光学经纬仪只作为图像记录实况传送，不参与飞行安全控制。雷测和遥测都采用接力测量，雷测从起飞开始，遥测从发射前90分钟开始测量和接收数据。雷测外弹道信息和遥测计算机对数据挑点预处理后实时送出两路，一路送往丘比特2号指控中心供显示、监视用，另一路送往安控中心为安控人员提供安全控制的决策信息。任务完成后的事后数据处理集中在法国本土的图卢兹航天中心进行，数据的传送通过卫通站进行，通常一次任务的数据在2～3小时内即可传完，图卢兹航天中心一周后将数据处理结果返回到圭亚那航天中心。

圭亚那航天中心第三综合发射场总投资只有5.11亿美元，投资、操作与维护费用都降到了最低。其建造目的是为了保持在国际商业发射市场上的竞争能力，并为发展独立自主的载人航天打基础。20世纪80年代，欧空局曾计划研制赫尔姆斯航天飞机。90年代初，该计划已被取消。

（3） 全球最大的商业发射份额

由于圭亚那航天中心有靠近赤道的地理优势，加上阿里安火箭（图11－30）的入轨精度高，卫星寿命能延长将近两年，如此优越的发射条件吸引着世界各国的商业卫星发射业务。圭亚那航天中心从设计建造起，就瞄准国际商业卫星的发射，所有的设施都按照一年发射10～20颗卫星的要求设计，发射服务系统稳定可靠。负责商业发射任务的阿里安航天公司是世界上第一家商业航天运输公司，成立于1980年3月26日，拥有股本2.7亿法郎。它和它的53个股东代表了12个欧洲国家（比利时、丹麦、法国、德国、爱尔兰、意大利、荷兰、挪威、西班牙、瑞典、瑞士和英国）的科技、经济和政治实力，其私营性质在很大程度上推动了圭亚那航天中心的商业发射，承揽了欧洲市场外将近2／3的商业发射业务。

为了继续保持欧洲在国际商业发射市场上的优势，1987年，欧空局决定研制大推力的阿里安－5运载火箭（图11－31、图11－32），放弃刚刚进入市场不久的阿里安－4运载火箭。为此，欧空局专门研制了大型低温推进剂火箭发动机，充分继承

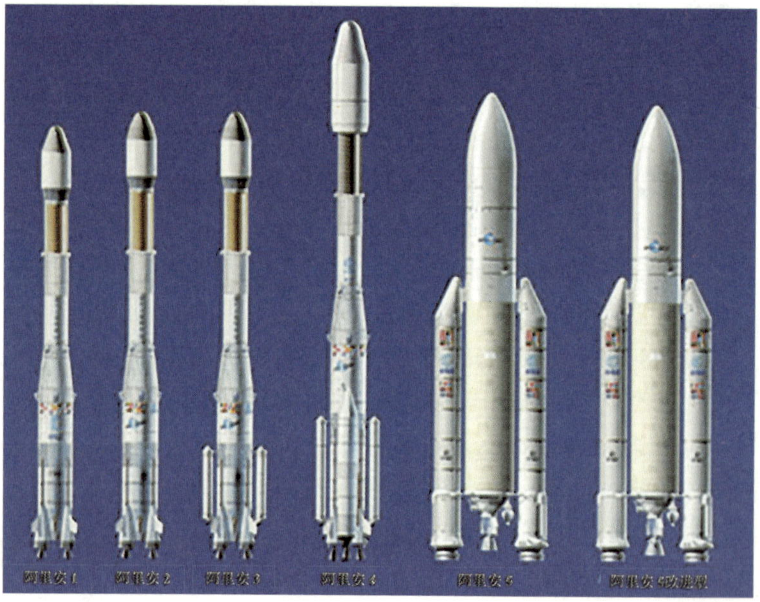

图11—30 阿里安火箭系列

和吸取了研制阿里安－1～阿里安－4 运载火箭的经验和技术，使阿里安－5 火箭的低轨运载能力达到20 吨，提高了可靠性，降低了发射费用，可以兼容目前世界上正在制造的各类卫星平台。其发射服务的质量也上了一个台阶，如果第一次发射失败，客户可以要求进行第二次免费发射。

据测算，如果用阿里安－5 运载火箭在圭亚那航天中心发射地球同步轨道卫星，有效载荷可达6 吨，在肯尼迪航天中心发射，有效载荷只有5 吨，而在拜科努尔航天发射场发射，有效载荷只有3.5 吨。得天独厚的地理位置吸引了全球80% 的商业发射业务，使圭亚那航天中心牢牢占据着世界商业卫星发射的大亨地位。

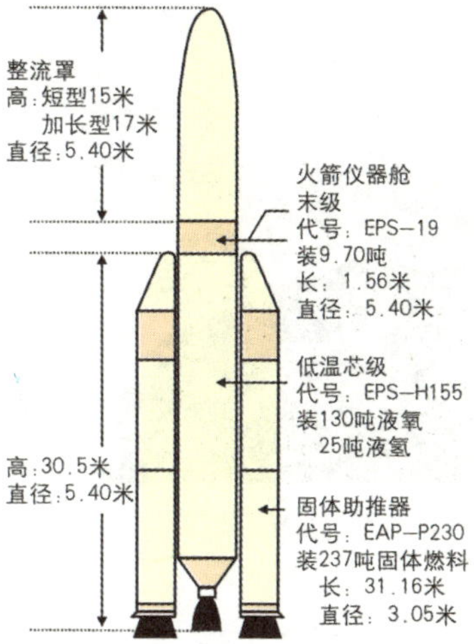

图11-31 阿里安-5 结构图

4. 日本的种子岛航天中心

(1) 发射设施建造工艺

日本种子岛航天中心位于日本九州鹿儿岛县种子岛南端，由竹崎、大崎、吉信3 个发射场和跟踪与数据采集站、雷达站、遥测站等组成，占地面积约8.64 平方千米，是日本最大的航天器综合发射中心，隶属于日本科学技术厅宇宙开发事业团。

图11-32 阿里安-5 外形图

竹崎发射场始建于1966 年，是发射小型运载火箭的发射区。大崎发射场始建于1970 年，位于竹崎、吉信发射场之间，毗邻吉信发射场，是日本大型运载火箭发射应用卫星的发射区，配备有比较先进的发射试验设施。1975 年9 月，第一枚H－1 火箭从这里起飞，把83 千克的菊花1 号卫星送入地球轨道。

日本最耀眼的发射场是吉信发射场（图11－33、图11－34）。吉信发射场位于大崎发射场东北1 千米的海边，中心坐标为东经130° 59′，北纬30° 24′。该发射场地理位置优越，常年气候稳定，适合航天发射。吉信发射场是专为发射H－2 火箭而建造的，1985 年开始建设，1994 年投入使用。该发射场设施主要

图 11—33　吉信发射场实景

图 11—34　吉信发射场布局

图 11—35　火箭装配厂房示意图

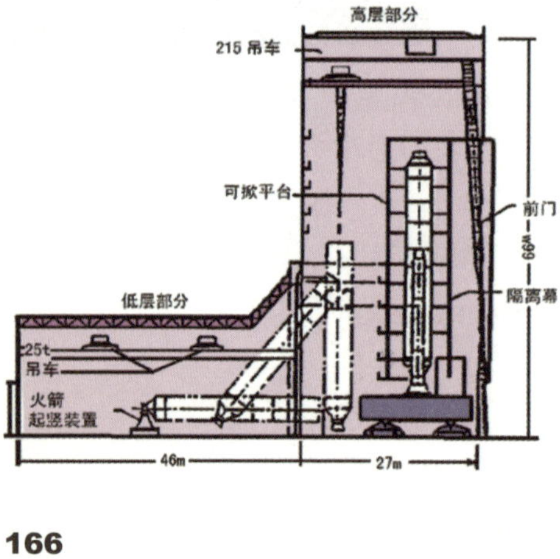

包括火箭装配厂房、勤务塔、活动发射平台等。其自动化程度可与美国卡纳维拉尔角的大力神 3 发射场相媲美，是目前世界上最现代化的大型发射场之一。

火箭装配厂房（图 11—35）包括高、低两部分。低层部分高 19 米、长 46 米、宽 32 米；高层部分高 66 米、长 27 米、宽 32 米。H—2 火箭在这里被组装到活动发射平台上，只进行简单的测试，然后通过活动发射平台垂直转运到 500 米远的发射工位。活动发射平台为钢结构，长 18 米，宽 22 米，自重 700 吨，通过铁轨运输。发射平台上没有脐带塔，只有小型低矮的脐带连接件。发射装置与行走机构是不可分离的整体结构。行走机构为 4 轴 4 轮 4 组，由电动机驱动，电力由履带式牵引装置内的柴油发电机供给。活动发射平台从火箭装配厂房至发射工位的带载最大行走速度为 0.48 千米／小时。

H—2 火箭勤务塔的建造工艺精良，把美观和实用融为一体，充分展示了日本制造业的机电工艺水平，是吉信发射场的核心设施。勤务塔由一个固定塔和两侧可转动的主、副塔组成。固定塔高 67 米、宽 15 米、长 8 米，重 1 500 吨；主塔高 75 米、宽 30 米、长 17 米，重 2 500 吨；副塔高 43.5 米、宽 16.5 米。固定塔上安装有空调、起重、升降和电气设备，塔顶装有避雷针。整塔采取了防爆、防盐蚀和安全消防措施。固定塔两侧的主、副塔可以沿着环形轨道各自转动 180° 后合拢，发射时再分开转回原来位置。火箭、航天器、整流罩分别转运到发射区之后，依靠勤务塔将航天器和整流罩吊装到火箭上部进行对接，之后在勤务塔环抱的密封空间中对火箭和航天器进行详细检查、测试，最后加注发射。由于火箭、航天器大部分工作需要在勤务塔内完成，致使火箭、航天器在勤务塔停靠时间至少需要 1 个多月。

H-2 火箭（图 11-36）是日本独立研制的新型大型火箭，一、二级均采用液氢、液氧发动机，带有两个固体助推器，可以发射多种科学实验卫星和应用卫星，也可发射小型航天飞机或空间站。但其测试发射工艺流程决定了火箭在发射工位时间过长，

图 11-36 H-2 火箭发射

> **知识链接**
>
> **H—2A 火箭 17 次发射，16 次成功**
>
> 2003 年 11 月 29 日，H—2A 火箭在成功进行了 5 次发射之后，再次将 2 颗侦察卫星发射升空。10分钟后，火箭在距离地球 422 千米的高度发生故障，地面控制中心只好将其炸毁，搭载的两颗侦察卫星也未能幸免。2010 年 5 月 21 日，搭载日本首颗金星探测器的 H—2A 火箭从种子岛航天中心发射升空，取得第 16 次发射成功，此外，H—2A 火箭还搭载了 5 颗小型卫星。

无法在短期内实现连续发射和应急发射，暴露出很大的弊端。

21 世纪初，日本又在吉信发射场专门为 H－2A 火箭新建了发射工位，采取了一系列改进措施：在原火箭装配厂房东侧新建了垂直总装测试厂房，进行火箭和航天器的垂直整体总装和测试；新建的活动发射平台在设计上也有所变化，由轨道行走方式改为多轮台车行走方式，能够前后行进、8 字行进、横行和回转；在发射台面上增加了一个重约 1 040 吨的脐带杆，取消了复杂的巨型三联勤务塔。H－2A 火箭和航天器的组合体可以在技术区进行充分、完整的技术准备，在发射区的发射时间缩短为 1 天，可以当天转运、当天发射，实现了向完善的“三垂”模式的转变。

新的发射工位和新的测试发射工艺流程，使日本的航天发射技术又上了一个新台阶。

（2） 高度自动化的火箭加注系统

吉信发射场不但制造工艺精湛美观，在使用操作上更加注重人性化设计。诸如推进剂加注这样的危险工作全部通过自动化完成，不需要工作人员亲自操作。

推进剂加注之前，工作人员应用模拟监测程序监测所有的自动化对接状态是否完好。推进剂加注时，工作人员只需在安全区内通过监测程序进行监测。加注完毕，推进剂管路会通过自动化程序自动关闭，接头自动分离。如果在加注过程中出现推进剂泄漏，工作人员会按照预定方案进行处理，故障控制程序会自动切断加注管路，关闭连接机构，十分安全。

吉信发射场加注系统的高度自动化程序管理在世界航天发射场中属于先进水平。

（3） 禁渔期的尴尬

每年春季，正值鱼类繁衍和鱼苗成长期，各国都会根据相应的法律法规禁止捕鱼、水下作业和船只航行等。种子岛航天中心地处沿海，周围没有高山，气候稳定。这里除了适合航天发射活动外，也是鱼类繁殖的理想港湾。种子岛航天中心主要靠水路运载航天产品，发射活动势必会对附近海域的鱼类繁殖带来不利影响。所以每年进入禁渔期，种子岛航天中心不得不遵守国家法律，耐心忍受禁渔制约给航天发射带来的损失（图11－37）。在现代社会，“时间”就是金钱，时间上的损失，也意味着经济上的损失。这对于发展愈来愈迅速的日本航天和生态保护来说，都是一种不可避免的尴尬。

图11－37 每年禁渔期，火箭航船不得不停运

5．印度的萨迪什·达万航天中心

（1） 高速发展的“航天黑马”

萨迪什·达万航天中心（图11－38）位于印度东海岸的斯里哈里科塔岛上，原名为斯里哈里科塔航天发射场。2002年，为了纪念印度航天研究组织前主席萨迪什·达万，而将斯里哈里科塔航天发射场更名为萨迪什·达万航天中心。中心坐标北纬13°47′，东经80°15′。始建于1971年，占地面积145平方

图11－38 萨迪什·达万航天中心

图 11－39 萨迪什·达万航天中心第二发射工位

千米，占海岸线长度27千米，是印度最重要的航天发射中心，印度的大型运载火箭试验和卫星发射都集中在这里。

萨迪什·达万航天中心拥有完善的大型多级火箭和卫星运载火箭的测试、组装和发射设施，并建有先进的计算机数据处理中心，卫星的跟踪、遥测站和通信站。图11－39为萨迪什·达万航天中心第二发射工位。

该中心不但可以独立发射人造卫星，还为德国、韩国和比利时等国家提供商业卫星发射服务。印度的4种国产运载火箭——卫星运载火箭3、大推力运载火箭、极地轨道运载火箭和地球同步轨道运载火箭都从这里点火升空（图11－40）。

印度航天起步较晚，其航天发射场的情况鲜为人知。但是，随着近年来印度航天工业的迅速崛起，萨迪什·达万航天中心的神秘面纱在世人面前逐渐揭开。通过自主研发，印度目前已逐步摆脱对外国的依赖，建立起自己完备的航天组织机构，掌握了运载火箭、人造卫星、地面控制与回收技术，建成了一套完整的空间体系。2001年4月18日，印度航天局在这里成功发射了该国最大的卫星运载火箭——地球同步轨道运载火箭，这是印度航天工业的一次重大飞跃，也使得印度成为继美国、俄罗斯、欧盟、中国和日本之后第六个掌握这一技术的航天大国。

（2） 固体火箭发射的优势

固体火箭使用方便，操作简单，无需加注液体推进剂。印度的固体火箭相当成熟，一直是印度航天的主打运载器。印度自行研制的几种大推力火箭都是采用固体火箭技术。近年来，印度致力于发展载人航天并正在研制推力更大的固体火箭。印度空间研究中心专门在萨迪什·达万航天中心扩建了固体助推器工厂，可为多级火箭发动机生产大尺寸的推进剂药柱。

图 11－40 印度火箭发射

第十二章

畅想未来

—— 航天发射场发展展望

21 世纪，是航天发展的新时期，人类将重返月球，登陆火星，扩大深空探测范围，进一步拓展对宇宙的认知，为行星际航行和大规模开发空间资源作好准备。

作为进入太空的始发站——航天发射场，也将有一个更快的发展，以更好地适应新世纪航天事业的发展需求。

1. 场址选择最优化

由于早期的运载火箭都是由导弹改装而成的，因此，早期的航天发射场，也大多是由导弹试验靶场改建的。

未来航天发射场的建设将以“技术经济综合效益”为主旋律，在发射场的选址上，将以技术经济为主、兼顾其他因素开展综合论证，使发射场能在完成当前发射任务的同时，获得更大的技术发展空间、更强的发射能力、更高的运行效率和更好的经济性。

法国在20世纪90年代对阿里安火箭发射场的选址就是这样。它在美洲、非洲、亚洲、大洋洲等地共预选了14个地区，然后进行综合论证，最后在南美洲法属圭亚那库鲁地区选定了得天独厚的发射场址（图12－1），获得了长久的技术发展优势和巨大的经济效益。

我国经过几代航天人的努力，建成了酒泉、西昌和太原三个卫星发射中心，具备了一定的航天发射能力、发射水平和发射规模，为我国航天事业的发展作出了重要贡献。随着我国航天事业

图12－1 圭亚那航天中心

的发展，单靠这些发射场已不能满足我国航天事业发展的需要：铁路运输限制了大型运载火箭的发展，高纬度损失了部分运载能力等。为了解决这些矛盾，我国正在海南省文昌市建设新的航天发射场（图12－2），以充分利用当地纬度低和交通便利的优势，促进新型大推力运载火箭的发展，扩大商业发射市场，带动航天旅游产业，提高发射场的整体经济效益。

图12–2 海南航天发射场预想图

2．功能开发综合化

功能开发综合化是航天发射场未来重要的发展方向。发射场作为建设投入和维护费用巨大的工程项目，节省经费、充分发挥效益是其必然要求。世界上各航天大国已在这方面作了不少有益的尝试。

首先，是实现航天产品的生产、总装、发射、回收一体化。

就地生产是解决运载火箭运输限制和运输安全问题的最佳选择，大型运载火箭的箭体和固体火箭发动机尤其如此。例如，法国及欧空局的圭亚那航天中心、印度的萨迪什·达万航天中心，均在场区内建设了固体火箭发动机的生产厂，减少了运输成本。

将发射场同时作为着陆场，可以充分利用发射场的测控通信、搜索救援和指挥系统的设备，大大节省经费。例如，俄罗斯的拜科努尔航天发射场，既建有航天飞机的发射区，又建有航天飞机的主着陆场。美国肯尼迪航天中心也是如此。这两个发射场均做到了航天飞机发射、回收一体化。

其次，是旅游、科教、商业和文化的一体化。

航天发射场属于社会公众关注的高技术工程项目，建成之后，会对当地的社会发展和国民经济增长产生长期、深远的影响。美国、法国、日本利用发射场建设和航天器发射的契机，发

知识链接

肯尼迪航天中心进行多功能综合开发

媒体云集的肯尼迪航天中心

美国肯尼迪航天中心建成后，对佛罗里达州产生了十分积极的影响，极大地促进了该州的经济发展，同时也带动了美国的经济繁荣。

以旅游业为例，世界各地成千上万的游客为了亲眼目睹登月飞船或航天飞机发射，不远万里专程来这里参观。仅在1988年发现号航天飞机的发射中，来自国内外的参观者就多达125万人。

肯尼迪航天中心的空间博物馆矗立着美国退役的历代地－地导弹、土星5号重型火箭和阿波罗登月飞船，为发展旅游业和宣传国家的科技成就作出了重大贡献。

同肯尼迪航天中心相呼应，在邻近的奥兰多建设有世界上最大的迪斯尼游乐场，占地面积为洛杉矶迪斯尼乐园的4倍。这里有许多美国航空航天局退休的工程师做志愿导游，他们为宣传航天、吸引游客做了大量工作，提供了优质的服务。

展该地区的旅游业、商业和服务业，进行多种形式的综合开发，取得了良好的经济效益。

在发射场周边建立航天博物馆或展示中心，可以向游客普及航天科技知识，培育青少年的科技意识，提高公众的科技素养，促进当地的科教和文化发展，弘扬爱国主义精神，获得良好的社会效益。

3. 箭地测试一体化

21世纪以来，世界各国的新型运载火箭完全突破了原来在导弹基础上发展所带来的限制，将可靠性、安全性、经济性作为主要设计指标。为此，采用了大量先进的智能化、自动化技术进行总体设计。不仅要求电气系统工作可靠，而且要求结构简单，价格低廉，性能先进，使用方便。箭地测试一体化设计正是为了满足上述要求而提出来的，主要包括箭上信息一体化设计和地面测试发控一体化设计（图12－3）。

运载火箭与地面各系统之间需要进行大量的信息交换。传统的模拟电缆传输已经无法满足需求。改进信息传输的技术途径，提高信道利用率，实现信息融合和信息共享并简化电缆网设计已迫在眉睫。箭上信息一体化设计可以借鉴航空电子综合化系统的设计思路，构建以总线技术为基础的箭上信息管理系统。采用总线网络替代模拟电缆，连接标准数字接口的电气系统单元，实现全箭信息数字化传输和综合利用。这样的一体化设计可以提高整个电气系统的可靠性，保证电气系统良好的扩展性。

随着航天技术的发展，运载火箭地面测试发射控制设备的集成化、自动化程度不断提高。以发射产品控制系统为核心，采取一体化的设计思想，建立一种高效率、低成本、高通用性的统一地面测试发射控制体系，实现测试、发射、控制、故障诊断一体化，提高系统的可靠性和工作效率，最终缩短发射周期并提高发射成功率，是十分重要和迫切的。

箭地测试一体化设计的核心是在兼容各系统共性的前提下包容个性，不仅要综合传统上的测试、发射、控制、故障诊断以及监视、显示和供配电的功能，而且要满足各个系统有关控制、测量以及数据处理的特殊要求，通过总线和网络将这些功能和要求有机融合起来，形成分布式的处理系统，构成逻辑上具有单个进程、多个线程的统一功能体。

知识链接

产品信息一体化尝试

欧空局的阿里安—5火箭、日本的H—2A火箭等型号已经开展了产品信息一体化尝试，它们不同程度地使用了基于1553B总线网络的信息管理系统。我国的神舟号飞船也采用了基于1553B总线网络的数据管理系统，满足了信息和数据管理系统的安全性、可靠性和经济性要求。

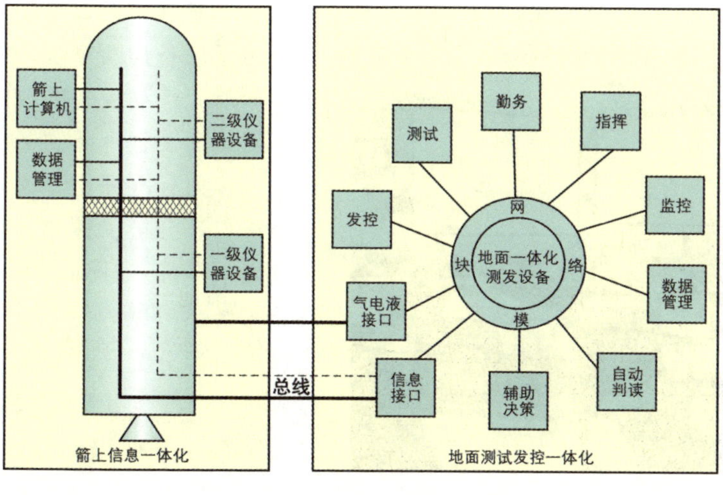

图12—3 箭地测试一体化框图

4．加注箭地一体化

大型液体运载火箭采用先进的加注箭地一体化技术是航天发射场的一个重要发展趋势。

我国未来的加注箭地一体化，将采用先进的远距离计算机控制技术，进行轨道式自动对接，或机器人式对接，实现自动化操作。这就要求在发展新型大推力火箭时，改变传统的输送系统结构，将二级以上推进剂贮箱加注口下移至火箭尾端，减少加注连接器数量，同时将低温推进剂的加注和补加管路分开，采取具有自动对接、自动分离功能的加注连接器等措施，与地面加注系统配合起来，进行箭地加注系统一体化设计，提高火箭加注的安全性、可靠性和效率。

5．指挥系统信息化

指挥系统信息化是指在航天发射中运用现代信息科学技术，使指挥系统设备数字化、网络化、智能化，对航天发射活动实施高效的控制指挥。

肯尼迪航天中心的发射指挥系统是比较典型的信息化指挥系统，其智能化技术达到了较高水平。肯尼迪航天中心目前采用多个基于知识的专家系统，构成了人工智能化网络。其中包括：电子设备诊断系统，能在诊断航天产品设备的故障方面对地面工程师起到帮助作用；发射标准评定专家系统，能自动分析、评定各系统的发射条件；计划调度自动化系统，可以方便、自动地进行资源分配，合理地调度人员、设备、物资和器材，进行危险工作区域划分等，

图12－4 肯尼迪航天中心发射控制中心先进的会议系统

代替以往由人工完成的工作；发射决策支持系统，对于发射倒计时过程中异常问题的处理和是否发射的决策具有支持作用；基于知识的自动化测试系统，是对航天飞机系统故障诊断工具进一步研究的成果，它采用建立模型进行逻辑推理的机制，对航天飞机电气系统进行自动诊断；自动化测试设备专家援助系统，能够在测试过程中向设备专家提供知识和经验援助，对测试内容、测试方法和测试结果提出建议等。图12－4为肯尼迪航天中心发射控制中心先进的会议系统。

我国未来应集成监视、决策、指挥、控制的功能，构建统一的信息化指挥控制系统，实现远程发射支持，充分利用信息化指挥系统所获得的各种信息，及时发现和处理发射过程中的异常情况、紧急情况和危险情况，使发射的决策、指挥效率更高，安全性、可靠性更好。

知识链接

俄罗斯成立空中发射公司

俄罗斯从1998年开始研究从飞机上进行航天发射，并专门成立了空中发射公司。空中发射用的飞机由俄罗斯生产的世界最大的重型运输机安－124－100BC改装而成，使用的火箭是轻型两级运载火箭飞行号，该火箭可将3 500千克的有效载荷送入太空。

6. 发射方式多样化

航天发射除了选择陆基发射外，还可以选择海上发射和空中发射。

海上发射设施可分为固定式海上发射平台和移动式海上发射平台。意大利的圣马可发射场的发射设施就属于固定式海上发射平台，在20世纪90年代前曾多次发射过卫星。海上发射平台的优势在于“移动”，只有“移动”才能选择有利的发射点。20世纪90年代，由美国、乌克兰、俄罗斯和挪威等国组建的海上发射公司，采用奥德赛移动式海上发射平台（图12－5），可在赤道水域的任何地点进行发射，能最大限度地发挥运载火箭的能力，具有较强的发射适应性和商业价值。

图12－5 奥德赛移动式海上发射平台

与海上发射相比，空中发射小型卫星，不需长时间的往返航行补给，具有更加灵活的优点。目前美国、俄罗斯均在空中发射技术上开展了大量的研究工作。1990年4月5日，美国轨道科学公司的飞马座火箭首次由改装的B－52轰炸机携带到13千米的高空，然后点火发射，成功地将一颗重191千克的卫星送入高584千米的极地轨道（图12－6）。

可以预测，未来航天发射将向多样化方向发展，陆基固定发射场仍将是载人航天发射及大型、重型运载火箭发射的唯一方式，而海上发射、海下发射和空中发射等发射方式，将作为陆基固定发射方式的补充，得到长足发展。

图12－6 飞马座火箭空中发射示意图

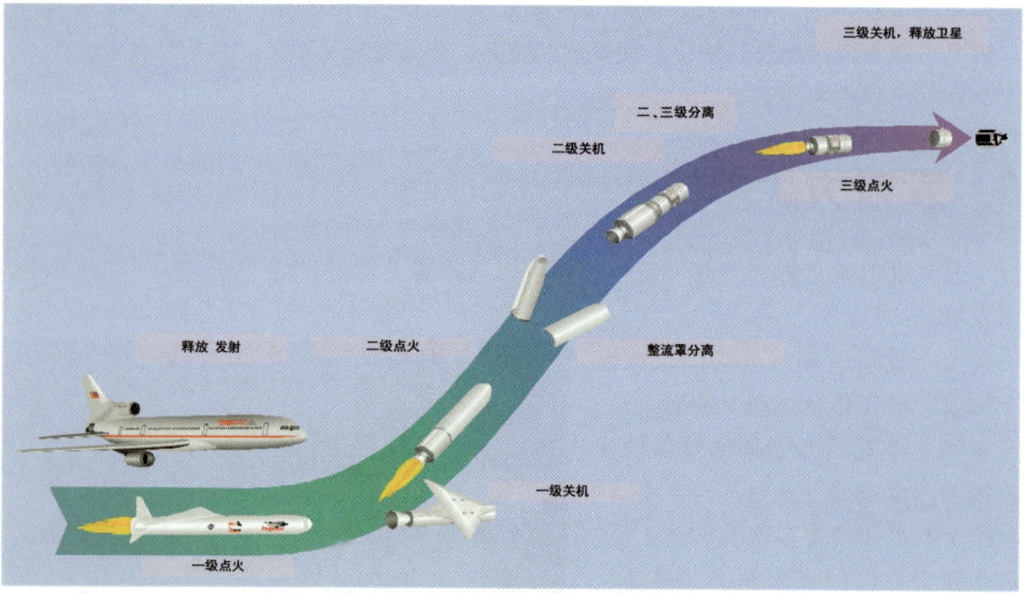